显示图像文件信息

修改画布大小

制作花坊促销广告

制作水中芭蕾舞蹈

为卡通图填充颜色

为图像填充图案

绘制淘宝男鞋广告

绘制杂志封面

[本书案例演示]

制作魔法双胞胎

将文字转换为路径进行编辑

制作招生广告

制作炫光文字

制作合成图像

房地产广告

圣诞促销海报设计

淘宝店铺首页广告

① 导读与重点：

以言简意赅的语言表述本章介绍的主要内容和教学重点。

② 教学视频：

列出本章有同步教学视频的操作案例，让读者随时扫码学习。

③ 实例概述：

简要描述实例内容，同时让读者明确该实例是否附带教学视频。

④ 操作步骤：

图文并茂，详略得当，让读者对实例操作过程轻松上手。

⑤ 技巧提示：

讲述软件操作在实际应用中的技巧，让读者少走弯路、事半功倍。

[配套资源使用说明]

▶▶ 观看二维码教学视频的操作方法

　　本套丛书提供书中实例操作的二维码教学视频，读者可以使用手机微信中的"扫一扫"功能，扫描本书前言中的"扫一扫，看视频"二维码图标，即可打开本书对应的同步教学视频界面。

▶▶ 推送配套资源到邮箱的操作方法

　　本套丛书提供扫码推送配套资源到邮箱的功能，读者可以使用手机微信中的"扫一扫"功能，扫描本书前言中的"扫码推送配套资源到邮箱"二维码图标，即可快速下载图书配套的相关资源文件。

计算机基础与实训教材系列

Photoshop 2020图像处理基础教程(微课版)

申灵灵 肖静 编著

清华大学出版社

北京

内 容 简 介

Photoshop 2020 是 Adobe 公司推出的最新版本图形图像处理软件，其功能强大、操作方便，是当今功能最强大、使用范围最广泛的平面图像处理软件之一。Photoshop 以其良好的工作界面、强大的图像处理功能以及完善的可扩充性成为摄影师、专业美工人员、平面广告设计者、网页制作者、效果图制作者以及广大计算机爱好者的必备工具。

全书共分 15 章，第 1~14 章为 Photoshop 的软件知识，在软件知识的讲解中配以大量实用的操作练习和实例，让读者在轻松的学习中快速掌握软件的技巧，同时能够对软件知识学以致用。第 15 章主要讲解 Photoshop 在平面设计领域的综合案例。本书虽然以最新版本 Photoshop 2020 进行讲解，但是其中的知识点和操作方法同样适用于 Photoshop CS6、Photoshop CC、Photoshop CC 2018 等多个早期版本的软件。

本书内容翔实、结构清晰、文字简洁流畅、实例丰富精美，适合 Photoshop 初中级读者使用，也适合作为高等院校平面设计专业、Photoshop 培训班的教材，还可供照片处理和平面设计爱好者参考。

本书配套的电子课件、教学视频、实例源文件和习题答案可以到 http://www.tupwk.com.cn/edu 网站下载，也可以扫描前言中的二维码下载。

图书在版编目(CIP)数据

Photoshop 2020 图像处理基础教程：微课版 / 申灵灵，肖静 编著. —北京：清华大学出版社，2020.6
计算机基础与实训教材系列
ISBN 978-7-302-55746-3

Ⅰ.①P…　Ⅱ.①申…　②肖…　Ⅲ. ①图像处理软件—教材　Ⅳ. ①TP391.413

中国版本图书馆 CIP 数据核字(2020)第 103194 号

责任编辑：胡辰浩
封面设计：孔祥峰
版式设计：妙思品位
责任校对：成凤进
责任印制：宋　林

出版发行：清华大学出版社
　　　　　网　　　址：http://www.tup.com.cn，http://www.wqbook.com
　　　　　地　　　址：北京清华大学学研大厦 A 座　　　　邮　　编：100084
　　　　　社 总 机：010-62770175　　　　邮　　购：010-62786544
　　　　　投稿与读者服务：010-62776969，c-service@tup.tsinghua.edu.cn
　　　　　质 量 反 馈：010-62772015，zhiliang@tup.tsinghua.edu.cn
印 装 者：三河市金元印装有限公司
经　　销：全国新华书店
开　　本：190mm×260mm　　　印　　张：21.75　　　插　页：2　　　字　数：570 千字
版　　次：2020 年 7 月第 1 版　　　印　　次：2020 年 7 月第 1 次印刷
印　　数：1～3000
定　　价：78.00 元

产品编号：079788-01

Photoshop 是 Adobe 公司推出的图形图像处理软件，其功能强大、操作方便，是当今使用范围最广泛的平面图像处理软件之一。Photoshop 也是摄影师、专业美工人员、平面广告设计者、网页制作者、效果图制作者以及广大计算机爱好者的必备工具。

本书定位于 Photoshop 的初中级读者，从一个图像处理初学者的角度出发，合理安排知识点，运用简练流畅的语言，结合丰富实用的实例，由浅入深地对 Photoshop 图像处理功能进行全面、系统的讲解，让读者在最短的时间内掌握最核心的知识，迅速成为图像处理和设计高手。本书共分为 15 章，具体内容如下。

第 1~3 章主要讲解 Photoshop 的基础知识、图形文件的操作、调整图像、编辑图像，以及图层的基本操作等。

第 4、5 章主要讲解 Photoshop 图像色彩的调整、选区的创建和编辑等。

第 6~8 章主要讲解绘制路径和图形、图像的绘制与编辑，以及文字的输入和编辑等。

第 9 章主要讲解 Photoshop 中图层的高级应用，包括图层样式、图层混合模式的编辑等。

第 10~12 章主要讲解滤镜、通道和蒙版的应用，包括常用滤镜的设置和应用、滤镜库滤镜和其他滤镜的应用，以及创建通道的基本操作和蒙版的使用等。

第 13、14 章主要讲解动作和批处理图像的操作，以及图像的输出、打印、印刷等相关知识。

第 15 章详细讲解如何灵活运用所学知识，使用 Photoshop 进行平面设计方面的综合实例。

本书内容丰富、结构清晰、图文并茂、通俗易懂，适合以下读者学习使用：

(1) 从事平面设计、图像处理、照片处理的工作人员。

(2) 对广告设计、图片处理感兴趣的业余爱好者。

(3) 社会培训班中学习 Photoshop 的学员。

(4) 高等院校相关专业的学生。

☞ 本书配套素材和教学课件的下载地址如下。

http://www.tupwk.com.cn/edu

本书同步教学视频的二维码如下。

扫一扫，看视频

扫码推送配套资源到邮箱

　　本书第 1~9 章由南京邮电大学的申灵灵编写，第 10~15 章由肖静编写。我们真切希望读者在阅读本书之后，不仅能开阔视野，而且可以增长实践操作技能，并且从中学习和总结操作的经验和规律，达到灵活运用的水平。

　　鉴于编者水平有限，书中纰漏和考虑不周之处在所难免，欢迎读者予以批评、指正。我们的邮箱是 huchenhao@263.net，电话是 010-62796045。

编　者

2020 年 4 月

推荐课时安排

章 名	重点掌握内容	教 学 课 时
第 1 章　Photoshop 基础入门	1. 图像的基本概念 2. 初识 Photoshop 3. 图像文件的基本操作 4. 常用的辅助工具	3 学时
第 2 章　图像的基本操作	1. 查看图像 2. 调整图像 3. 图像的基本编辑功能 4. 擦除图像 5. 还原与重做	2 学时
第 3 章　图层的基本操作	1. 了解图层 2. 图层的常用操作 3. 编辑图层 4. 管理图层	3 学时
第 4 章　填充与调整图像色彩	1. Photoshop 颜色工具 2. 填充颜色 3. 快速调整色彩色调 4. 精细调整色彩色调 5. 校正图像的色彩色调 6. 调整图像的特殊颜色	3 学时
第 5 章　绘制与应用选区	1. 绘制选区 2. 修改选区 3. 编辑选区	2 学时
第 6 章　绘制路径和形状	1. 绘制路径 2. 编辑路径 3. 绘制图形	3 学时
第 7 章　绘制与修饰图像	1. 绘制图像 2. 使用图章工具 3. 修饰图像	3 学时
第 8 章　创建与编辑文字	1. 创建文字 2. 编辑文字	2 学时

(续表)

章　名	重点掌握内容	教 学 课 时
第 9 章　图层的高级应用	1. 图层混合模式的设置 2. 图层不透明度的设置 3. 混合选项的设置 4. 各种图层样式的应用 5. 复制图层样式 6. 缩放图层样式 7. 【样式】面板的使用	3 学时
第 10 章　滤镜的基本操作	1. 初识滤镜 2. 常用滤镜的设置与应用	2 学时
第 11 章　滤镜的深入解析	1. 滤镜库中的滤镜 2. 其他滤镜的应用	3 学时
第 12 章　应用通道和蒙版	1. 通道概述 2. 新建通道 3. 通道的基本操作 4. 应用蒙版	3 学时
第 13 章　动作和批处理图像	1. 动作的使用 2. 动作的编辑 3. 批处理图像	1 学时
第 14 章　图像的印刷与输出	1. 图像设计与印刷流程 2. 图像文件的输出 3. 打印图像	1 学时
第 15 章　综合案例	1. 淘宝店铺首页广告 2. 圣诞促销海报设计 3. 房地产广告	3 学时

注：1. 教学课时安排仅供参考，授课教师可根据情况进行调整。

　　2. 建议每章安排与教学课时相同时间的上机练习。

目录

计算机基础与实训教材系列

计算机基础与实训教材系列

计算机基础与实训教材系列

第1章

Photoshop基础入门

在学习 Photoshop 之前，首先要了解图像的基本概念、色彩模式和 Photoshop 工作界面，并掌握 Photoshop 文件的操作和辅助工具的设置。掌握这些基本知识和操作，有利于整体了解 Photoshop，为后面的学习打下良好的基础。

本章重点

- 图像的基本概念
- 图像文件的基本操作
- 初识 Photoshop
- 常用的辅助工具

二维码教学视频

【练习 1-1】新建一个空白图像文件
【练习 1-2】保存图像文件
【练习 1-3】设置标尺
【练习 1-4】设置参考线
【实例演练】调整 Photoshop 面板
【实例演练】转换图像色彩模式

1.1 图像的基本概念

Photoshop 是一款专门用于图形图像处理的软件。在学习该软件操作技能之前，首先应该对图像的基本概念有一定的认识。

1.1.1 位图

位图也称为点阵图像，是由许多点组成的。其中每一个点即为一像素，每一像素都有自己的颜色、强度和位置。将位图尽量放大后，可以发现图像是由大量的正方形小块构成的，不同的小块上显示不同的颜色和亮度。位图图像文件所占的空间较大，对系统硬件要求较高，且与分辨率有关。

1.1.2 矢量图

矢量图是以数学的矢量方式来记录图像内容的，其中的图形组成元素被称为对象。这些对象都是独立的，具有不同的颜色和形状等属性，可自由、无限制地重新组合。无论将矢量图放大多少倍，图形都具有同样平滑的边缘和清晰的视觉效果，显示效果如图 1-1 所示。

(a) 原图 100% 效果　　　　　　　　　　　(b) 放大后依然清晰

图 1-1　矢量图的显示效果

1.1.3 像素

像素是 Photoshop 中所编辑图像的基本单位。可以把像素看成是一个极小的方形的颜色块，每个小方块为一像素，也可称为栅格。

一幅图像通常由许多像素组成，这些像素被排列成横行和竖列，每一像素都是一个方形。用【缩放工具】🔍将图像放到足够大时，就可以看到类似马赛克的效果，每个小方块即为一像素。每一像素都有不同的颜色值。文件包含的像素越多，其所包含的信息也就越多，所以文件越大，图像品质越好。

1.1.4　分辨率

　　图像分辨率是指单位面积内图像所包含像素的数目，通常用像素/英寸和像素/厘米表示。分辨率的高低直接影响图像的效果，使用太低的分辨率会导致图像粗糙，在排版打印时图片会变得非常模糊，如图 1-2 所示，而使用较高的分辨率则会增加文件的大小。

(a) 分辨率为 300　　　　　　　　　　　　　　　　(b) 分辨率为 50

图 1-2　不同分辨率的图像效果

1.1.5　图像格式

　　Photoshop 2020 共支持 20 多种格式的图像，使用不同的文件格式保存图像，对图像将来的应用起着非常重要的作用。我们可以根据不同的工作环境选用合适的图像文件格式，以便获得最理想的效果。下面就来介绍一些常用图形文件格式的特点和用途。

- ▽ PSD(*.psd)：PSD 图像文件格式是 Photoshop 软件生成的格式，是唯一能支持全部图像色彩模式的格式。可以保存图像的图层、通道等许多信息，它是在未完成图像处理任务前的一种常用且可以较好地保存图像信息的格式。

- ▽ TIFF(*.tif)：TIFF 格式是一种无损压缩格式，是为色彩通道图像创建的最有用的格式。因此，TIFF 格式是应用非常广泛的一种图像格式，可以在许多图像软件之间转换。TIFF 格式支持带 Alpha 通道的 CMYK、RGB 和灰度文件，支持不带 Alpha 通道的 Lab、索引颜色和位图文件。另外，它还支持 LZW 压缩。

- ▽ BMP(*.bmp)：BMP 格式是微软公司软件的专用格式，也就是常见的位图格式。它支持 RGB、索引颜色、灰度和位图颜色模式，但不支持 Alpha 通道。位图格式产生的文件较大，是最通用的图像文件格式之一。

- ▽ JPEG(*.jpg)：JPEG 是一种有损压缩格式，主要用于图像预览及超文本文档，如 HTML 文档等。JPEG 格式支持 CMYK、RGB 和灰度的颜色模式，但不支持 Alpha 通道。在生成 JPEG 格式的文件时，可以通过设置压缩的类型产生不同大小和质量的文件。压缩比越高，图像文件就越小，图像质量就越差。

- ▽ GIF(*.gif)：GIF 格式的文件是 8 位图像文件，最多为 256 色，不支持 Alpha 通道。GIF 格式产生的文件较小，常用于网络传输，在网页上见到的图片大多是 GIF 和 JPEG 格式。GIF 格式与 JPEG 格式相比，其优势在于 GIF 格式的文件可以保存动画效果。

▽ PNG(*.png)：PNG 格式可以使用无损压缩方式压缩文件，它支持 24 位图像，产生的透明背景没有锯齿边缘，所以可以产生质量较好的图像效果。

▽ EPS(*.eps)：EPS 格式可以包含矢量和位图图形，被几乎所有的图像、示意图和页面排版程序所支持，是用于图形交换的最常用的格式。其最大的优点在于可以在排版软件中以低分辨率预览，而在打印时以高分辨率输出。它不支持 Alpha 通道，可以支持裁切路径。EPS 格式支持 Photoshop 所有的颜色模式，可以用来存储矢量图和位图。在存储位图时，还可以将图像的白色像素设置为透明的效果，它在位图模式下也支持透明。

▽ PDF(*.pdf)：PDF 格式是 Adobe 公司开发的用于 Windows、Mac OS、UNIX 和 DOS 系统的一种电子出版软件的文档格式，适用于不同平台。PDF 格式文件可以包含矢量和位图图形，还可以包含导航和电子文档查找功能。在 Photoshop 中将图像文件保存为 PDF 格式时，系统将弹出【PDF 选项】对话框，在其中用户可选择压缩格式。若选择 JPEG 格式，可在【品质】选项中设置压缩比例值或用鼠标拖动滑块来调整压缩比例。

1.1.6 图像的色彩模式

常用的色彩模式有 RGB(表示红、绿、蓝)模式、CMYK(表示青色、洋红、黄色、黑色)模式、Lab 模式、灰度模式、索引模式、位图模式、双色调模式和多通道模式等。

色彩模式除确定图像中能显示的颜色数之外，还影响图像通道数和文件大小，每幅图像具有一个或多个通道，每个通道都存放着图像中颜色元素的信息。图像中默认的颜色通道数取决于其色彩模式。常见的色彩模式如下。

▽ RGB 模式：该模式由红、绿和蓝 3 种颜色按不同比例混合而成，也称真彩色模式，是最为常见的一种色彩模式。RGB 模式下在【颜色】和【通道】面板中显示的颜色和通道信息如图 1-3 和图 1-4 所示。

图 1-3 RGB 颜色模式　　　　　　　　图 1-4 RGB 通道模式

▽ CMYK 模式：CMYK 模式是印刷时使用的一种颜色模式，由 Cyan(青色)、Magenta(洋红)、Yellow(黄色)和 Black(黑色)4 种色彩组成。为了避免和 RGB 三基色中的 Blue(蓝色)发生混淆，其中的黑色用 K 来表示。CMYK 模式下在【颜色】和【通道】面板中显示的颜色和通道信息如图 1-5 和图 1-6 所示。

图 1-5　CMYK 颜色模式

图 1-6　CMYK 通道模式

▽　Lab 模式：Lab 模式是国际照明委员会发布的一种色彩模式，由 RGB 三基色转换而来。其中 L 表示图像的亮度，取值范围为 0～100；a 表示由绿色到红色的光谱变化，取值范围为-120～120；b 表示由蓝色到黄色的光谱变化，取值范围和 a 分量相同。Lab 模式下在【颜色】和【通道】面板中显示的颜色和通道信息如图 1-7 和图 1-8 所示。

图 1-7　Lab 颜色模式

图 1-8　Lab 通道模式

1.2　初识 Photoshop

Photoshop 是 Adobe 公司推出的一款专业的图形图像处理软件，凭着简单易学、人性化的工作界面，并集图像设计、扫描、编辑、合成以及高品质输出功能于一体，而深受用户的好评。

执行【偏移】命令的常用方法有以下 3 种。

1.2.1　Photoshop 的应用领域

Photoshop 可以进行图像编辑、图像合成、调整色调和特效制作等操作。Photoshop 应用领域主要包括数码照片处理、视觉创意、平面设计、建筑效果图后期处理及网页设计等。

▽　数码照片处理：使用 Photoshop 可以进行各种数码照片的合成、修复和上色操作，如数码照片的偏色校正、更换照片背景、为人物更换发型、去除斑点等，Photoshop 同时也是影楼设计师的得力助手，照片处理效果如图 1-9 和图 1-10 所示。

图 1-9　照片处理效果 1

图 1-10　照片处理效果 2

▽　视觉创意：通过 Photoshop 的艺术处理可以将原本不相干的图像组合在一起，也可以
发挥想象自行设计富有新意的作品，利用色彩效果等在视觉上表现全新的创意，效果
如图 1-11 所示。

▽　平面设计：平面设计是 Photoshop 应用最为广泛的领域，无论是招贴、海报，还是图
书封面，这些具有丰富图像的平面印刷品基本都需要使用 Photoshop 对图像进行处理，
效果如图 1-12 所示。

图 1-11　视觉创意

图 1-12　海报设计

▽　建筑效果图后期处理：在制作的建筑效果图中包括许多三维场景时，人物配景和场景
颜色常常需要用 Photoshop 进行调整，效果如图 1-13 所示。

▽　网页设计：Photoshop 是必不可少的网页图像处理软件，因此，网络的迅速普及促使更
多的人需要学习和掌握 Photoshop。网页设计效果如图 1-14 所示。

图 1-13　建筑效果图处理

图 1-14　网页设计

1.2.2　启动与退出 Photoshop

在使用 Photoshop 之前，需要学会软件的启动和退出。启动与退出 Photoshop 的方法与大多数的应用程序相似。下面介绍启动与退出 Photoshop 的具体操作方法。

1. 启动 Photoshop 2020

安装好 Photoshop 2020 以后，可以通过如下 3 种常用方法启动 Photoshop 2020 应用程序。

▽　单击【开始】菜单按钮，然后在【程序】列表中选择相应的命令来启动 Photoshop 2020 应用程序，如图 1-15 所示。

▽　使用鼠标双击桌面上的 Photoshop 2020 的快捷图标，可以快速启动 Photoshop 2020 应用程序，如图 1-16 所示。

图 1-15　选择命令

图 1-16　双击快捷图标

▽　使用鼠标双击 Photoshop 文件即可启动 Photoshop 2020 应用程序，如图 1-17 所示。

使用前面介绍的方法启动 Photoshop 2020 程序后，将出现如图 1-18 所示的启动界面，随后即可进入 Photoshop 2020 工作界面。

图 1-17　双击文件

图 1-18　启动界面

2. 退出 Photoshop 2020

在完成 Photoshop 2020 应用程序的使用后，用户可以使用如下两种常用方法退出 Photoshop。

▽　单击【文件】菜单，然后选择【退出】命令，即可退出 Photoshop 2020 应用程序，如图 1-19 所示。

计算机基础与实训教材系列

▽ 单击 Photoshop 2020 应用程序窗口右上角的【关闭】按钮 ❌，退出 Photoshop 2020 应用程序，如图 1-20 所示。

图 1-19　选择【退出】命令

图 1-20　单击【关闭】按钮

 技巧

按 Ctrl+Q 组合键，可以快速退出 Photoshop 2020 应用程序。

1.2.3　Photoshop 的工作界面

启动 Photoshop 2020 后，将出现一个主页界面，如图 1-21 所示。界面右侧将显示多个之前打开过的图像文件，选择图像后可以直接将其打开，单击界面左侧的【新建】或【打开】按钮可以在对话框中新建或打开图像文件。

图 1-21　主页界面

打开一个图像文件后，将进入 Photoshop 2020 的工作界面，如图 1-22 所示，该界面主要由标题栏、菜单栏、工具属性栏、浮动面板、工具箱、图像窗口和状态栏等部分组成。

图 1-22　Photoshop 2020 的工作界面

1. 菜单栏

Photoshop 2020 的菜单栏包括了进行图像处理的各种命令，共有 11 个菜单项，各菜单项作用如下。

▽　文件：在其中可进行文件的操作，如文件的打开、保存等。

▽　编辑：其中包含一些编辑命令，如剪切、复制、粘贴以及撤销操作等。

▽　图像：主要用于对图像的操作，如处理文件和画布的尺寸、分析和修正图像的色彩、图像模式的转换等。

▽　图层：在其中可执行图层的创建、删除等操作。

▽　文字：用于打开字符和段落面板，以及用于文字的相关设置等操作。

▽　选择：主要用于选取图像区域，且对其进行编辑。

▽　滤镜：包含众多的滤镜命令，可对图像或图像的某个部分进行模糊、渲染以及扭曲等特殊效果的制作。

▽　3D：用于创建 3D 图层，以及对图像进行 3D 处理等操作。

▽　视图：主要用于对 Photoshop 2020 的编辑屏幕进行设置，如改变文档视图的大小、缩小或放大图像的显示比例、显示或隐藏标尺和网格等。

▽　窗口：用于对 Photoshop 2020 工作界面的各个面板进行显示和隐藏。

▽　帮助：通过它可快速访问 Photoshop 2020 帮助手册，其中包括几乎所有 Photoshop 2020 的功能、工具及命令等信息，还可以访问 Adobe 公司的站点、注册软件和插件信息等。

选择一个菜单项，系统会展开对应的菜单及子菜单命令。图 1-23 所示是【图像】菜单中包含的命令。其中，灰色的菜单命令表示未被激活，当前不能使用；命令后面的按键组合表示在键盘中按该键即可执行相应的命令。

计算机基础与实训教材系列

图 1-23 【图像】菜单

2. 工具箱

默认状态下，Photoshop 2020 工具箱位于窗口左侧，单击并按住其中的工具按钮，可以展开该工具的子工具对象，如图 1-24 所示列出了工具箱中各工具及子工具的名称。在使用工具的操作中，用户可以通过单击工具箱上方的双三角形按钮 ➤➤ 将工具箱变为双列方式，如图 1-25 所示。

图 1-24 工具及子工具的名称

图 1-25 双列工具箱

3. 工具属性栏

工具属性栏位于菜单栏的下方，当用户选中工具箱中的某个工具时，工具属性栏就会变成相应工具的属性设置。在工具属性栏中，用户可以方便地设置对应工具的各种属性。图 1-26 所示为【修复画笔工具】的属性栏。

图 1-26　【修复画笔工具】属性栏

提示

选择【窗口】|【选项】命令，可以在弹出的对话框中设置显示或隐藏工具属性栏。

4. 面板

面板是 Photoshop 中非常重要的一个组成部分，通过它可以进行选择颜色、编辑图层、新建通道、编辑路径和撤销编辑等操作。在【窗口】菜单中可以选择需要打开或隐藏的面板。打开的面板都依附在工作界面右边。选择【窗口】|【工作区】|【基本功能(默认)】命令，将打开如图 1-27 所示的面板组合。

单击面板右上方的双三角形按钮 » ，可以将面板缩小为图标，如图 1-28 所示，要使用缩小为图标的面板时，可以单击所需面板按钮，即可弹出对应的面板，如图 1-29 所示。

图 1-27　面板

图 1-28　面板缩略图

图 1-29　显示面板

5. 图像窗口

图像窗口相当于 Photoshop 的工作区，所有的图像处理操作都是在图像窗口中进行的。在图像窗口的上方是标题栏，标题栏中可以显示当前文件的名称、格式、显示比例、色彩模式、所属通道和图层状态。如果该文件未被存储过，则标题栏以【未命名】并加上连续的数字作为文件的名称。图像的各种编辑操作都是在此区域中进行的，图像窗口的组成如图 1-30 所示。

6. 状态栏

图像窗口底部的状态栏会显示图像的相关信息。最左端显示当前图像窗口的显示比例，在其中输入数值后按 Enter 键可以改变图像的显示比例，中间的数值显示当前图像文件的大小，如图 1-31 所示。

计算机基础与实训教材系列

标题栏 ← → 窗口控制按钮

图 1-30　图像窗口

66.67%　1024 像素 x 751 像素 (96 ppi)　＞

图 1-31　状态栏

1.3　图像文件的基本操作

学习使用 Photoshop 进行图像处理前，需要掌握 Photoshop 文件的基本操作，主要包括打开、新建、保存和关闭文件等。

1.3.1　新建图像文件

在制作一幅新的图像文件之前，首先需要建立一个空白图像文件，具体的操作如下。

【练习 1-1】新建一个空白图像文件。

(1) 启动 Photoshop 应用程序，在【主页】界面左侧单击【新建】按钮，或按 Ctrl+N 组合键，打开【新建文档】对话框，如图 1-32 所示。

(2) 在对话框上方可以设置选择新建文件的规格，如选择【打印】选项中的【A4】选项，如图 1-33 所示，可以直接得到 A4 纸张的尺寸大小。

(3) 在对话框右侧【预设详细信息】下方可以直接输入文件名称，如"我的文档"，然后在下方可以自定义文件的宽度、高度、分辨率等信息。

(4) 设置好新文件信息后，单击【创建】按钮即可新建一个图像文件。

图 1-32　打开【新建文档】对话框

图 1-33　设置文件信息

【新建文档】对话框中各选项的含义分别如下。

▽　【空白文档预设】：用于设置新建文件的规格，位于对话框顶部，选择相应的选项，可以在对话框中选择 Photoshop 自带的几种图像规格。

▽　【宽度】/【高度】：用于设置新建文件的宽度和高度，用户可以输入 1~300000 的任意一个数值。

▽　【分辨率】：用于设置图像的分辨率，其单位有像素/英寸和像素/厘米。

▽　【颜色模式】：用于设置新建图像的颜色模式，其中有【位图】【灰度】【RGB 颜色】【CMYK 颜色】【Lab 颜色】5 种模式可供选择。

▽　【背景内容】：用于设置新建图像的背景颜色，系统默认为白色，也可设置为背景色和透明色。

▽　【高级选项】：在【高级】选项区域中，用户可以对【颜色配置文件】和【像素长宽比】两个选项进行更专业的设置。

1.3.2　打开图像文件

Photoshop 允许用户同时打开多个图像文件进行编辑，选择【文件】|【打开】命令，或按 Ctrl+O 组合键，打开【打开】对话框，在【查找范围】下拉列表中找到要打开文件所在位置，然后选择要打开的图像文件，如图 1-34 所示，单击【打开】按钮即可打开选择的文件，如图 1-35 所示。

图 1-34　【打开】对话框

图 1-35　打开图像文件

> **提示**
>
> 选择【文件】|【打开为】命令，可以在指定被选取文件的图像格式后将文件打开；选择【文件】|【最近打开文件】命令，可以打开最近编辑过的图像文件。

1.3.3　保存图像文件

在对图像文件进行编辑的过程中，当完成关键的步骤后，应该即时对文件进行保存，以免因为误操作或者意外停电带来损失。

【练习 1-2】保存图像文件。

(1) 新建一个图像文件，然后任意绘制一个图像。

计算机基础与实训教材系列

(2) 选择【文件】|【存储】命令，打开【另存为】对话框，然后设置保存文件的路径和名称，如图 1-36 所示。

(3) 单击【保存类型】选项右侧的三角形按钮，在其下拉列表中选择保存文件的格式，如图 1-37 所示。

(4) 单击【保存】按钮，即可完成文件的保存，以后按照保存文件的路径就可以找到并打开此文件。

图 1-36　打开【另存为】对话框

图 1-37　设置文件类型

> **提示**
>
> 如果是对已存在或已保存的文件进行再次存储时，只需按 Ctrl+S 组合键或选择【文件】|【存储】命令，即可按照原路径和名称保存文件。如果要更改文件的路径和名称，则需要选择【文件】|【存储为】命令，即可打开【另存为】对话框，对保存路径和名称进行重新设置。

1.3.4　关闭图像文件

要关闭某个图像文件，而不退出 Photoshop 应用程序，可以使用如下几种方法。

▽ 单击图像窗口标题栏最右端的【关闭】按钮 ✕ 。
▽ 选择【文件】|【关闭】命令。
▽ 按 Ctrl+W 组合键。
▽ 按 Ctrl +F4 组合键。

> **提示**
>
> 按 Ctrl+Q 或 Alt+F4 组合键，不仅可以关闭当前的图像文件，还将关闭 Photoshop 应用程序。

1.4　常用的辅助工具

Photoshop 提供了多种用于图像处理的辅助工具，这些工具虽然对图像不起任何编辑作用，但是可以测量或定位图像，使图像处理更精确，从而提高工作效率。

1.4.1　使用标尺

选择【视图】|【显示】|【标尺】命令，或者按 Ctrl+R 组合键，即可在打开的图像文件左侧边缘和顶部显示或隐藏标尺，通过标尺可以查看图像的宽度和高度。

【练习 1-3】设置标尺。

(1) 打开一幅图像文件，在【属性】面板中展开【标尺和网格】选项，如图 1-38 所示，单击【查看标尺】按钮，即可在图像中显示标尺，如图 1-39 所示。

(2) 在标尺上单击鼠标右键，在弹出的快捷菜单中可以选择标尺的单位，如图 1-40 所示。

图 1-38　【属性】面板　　　　图 1-39　显示标尺　　　　图 1-40　设置标尺单位

> **提示**
>
> 选择【视图】|【显示】|【标尺】命令或按 Ctrl+R 组合键，也可以在图像中显示标尺。

(3) 选择【编辑】|【首选项】|【单位与标尺】命令，打开【首选项】对话框，在其中可以设置标尺的其他信息，如图 1-41 所示。

图 1-41　【首选项】对话框

1.4.2　使用参考线

参考线是浮动在图像上的直线，用于给图像处理人员提供参考位置，在打印图像时，参考线不会被打印出来。

【练习1-4】设置参考线。

(1) 打开一幅图像文件，选择【视图】|【新建参考线】命令，打开【新建参考线】对话框，在其中可以设置参考线的取向和位置，如图1-42所示。

(2) 设置好参数后，单击【确定】按钮即可在画面中新建参考线，如图1-43所示。

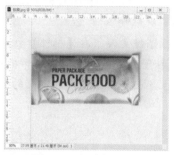

图1-42　设置参考线　　　　　　　　　　图1-43　新建的参考线

(3) 将鼠标指针移到标尺处，按住鼠标左键并向图像区域拖动，这时鼠标指针呈 ↔ 或 ↕ 形状，释放鼠标后即可创建一条参考线。图1-44所示为所创建的水平参考线。

(4) 在【属性】面板中展开【参考线】选项，单击【查看参考线】按钮 ╬ 可以隐藏和显示参考线，单击【锁定参考线】按钮 ╬ 可以锁定和解锁参考线、单击【智能参考线】按钮 ⇟ 可以启用或取消智能参考线，在面板右侧的下拉列表中可以选择参考线的样式，如图1-45所示。

图1-44　手动添加参考线　　　　　　　　图1-45　设置参考线属性

(5) 双击参考线，或者选择【编辑】|【首选项】|【参考线、网格和切片】命令，打开【首选项】对话框，可以设置参考线的颜色和样式等属性，如图1-46所示。

图1-46　设置参考线的颜色和样式属性

1.4.3　使用网格

在图像处理过程中设置网格线可以使图像处理更精准。选择【视图】|【显示】|【网格】命令，或按 Ctrl+' 键，可以在图像窗口中显示或隐藏网格线。

【练习 1-5】设置网格效果。

(1) 打开一幅图像文件，在【属性】面板中展开【标尺和网格】选项，如图 1-47 所示，单击【显示网格】按钮▦，即可在图像中显示网格，如图 1-48 所示。

图 1-47　【属性】面板

图 1-48　显示网格

提示

选择【视图】|【显示】|【网格】命令，也可以在图像中显示网格。

(2) 按 Ctrl+K 组合键打开【首选项】对话框，选择【参考线、网格和切片】选项，在【网格】选项栏中设置网格的颜色、样式、网格间距和子网格数量，如图 1-49 所示。

(3) 单击【确定】按钮，完成网格效果的设置。

图 1-49　设置网格效果

1.5　实例演练

本节综合应用所学的 Photoshop 基础知识，包括工作界面和图像的基本概念，练习调整 Photoshop 的工作界面与修改 Photoshop 色彩模式的操作。

计算机基础与实训教材系列

1.5.1 调整 Photoshop 面板

本案例将对 Photoshop 面板组进行拆分，并将拆分后的面板进行重新组合，然后将所做的界面设置进行保存。

重组工作面板的具体操作步骤如下。

(1) 启动 Photoshop 2020 应用程序，打开任意一幅图像，如图 1-50 所示。

(2) 将鼠标指针移到【渐变】面板组中的标签上，按住鼠标左键不放向左侧拖动，在灰色区域中释放鼠标，即可将【渐变】面板从【颜色】面板组中拆分出来，如图 1-51 所示。

图 1-50　Photoshop 2020 工作界面

图 1-51　拆分面板效果

(3) 使用鼠标右键单击【调整】面板灰色状态条，在弹出的快捷菜单中选择【关闭】命令，如图 1-52 所示，即可将【调整】面板关闭，如图 1-53 所示。

图 1-52　选择【关闭】命令

图 1-53　关闭【调整】面板

(4) 拖动【渐变】面板的标签，将其拖动到【属性】面板组中，释放鼠标后就完成了面板的合并，如图 1-54 所示。

(5) 参照前面的操作方法，将【图案】和【颜色】面板合并到【属性】面板组中，如图 1-55 所示。

图 1-54　合并面板

图 1-55　合并面板

(6) 单击【通道】缩略面板的标签，即可打开该面板，如图 1-56 所示。

(7) 单击【历史记录】面板图标 ，即可展开隐藏的面板，如图 1-57 所示。

图 1-56　打开【通道】面板

图 1-57　展开面板

(8) 选择【图层】面板，单击鼠标右键，在弹出的快捷菜单中选择【自动折叠图标面板】命令，如图 1-58 所示，即可将该列的面板缩小为图标面板，如图 1-59 所示。

图 1-58　选择命令

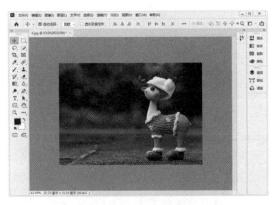

图 1-59　缩小为图标面板

(9) 选择【窗口】|【工作区】|【新建工作区】命令，打开如图 1-60 所示的【新建工作区】对话框，输入名称后单击【存储】按钮，即可存储工作界面，在【工作区】子命令中即可找到新建的工作区，如图 1-61 所示。

图 1-60　存储工作区　　　　　　　　　　　　　图 1-61　查看工作区

1.5.2　转换图像色彩模式

本案例将对图像转换颜色，将一个 RGB 色彩模式的图像转换为索引颜色模式。转换图像色彩模式的具体操作步骤如下。

(1) 选择【文件】|【打开】命令，在【打开】对话框中找到【圣诞屋.jpg】图像文件，如图 1-62 所示，单击【打开】按钮，打开【圣诞屋.jpg】图像文件，在图像文件标题栏中可以看到当前的图像模式为 RGB，如图 1-63 所示。

图 1-62　选择图像文件　　　　　　　　　　　　图 1-63　打开素材图像

(2) 选择【图像】|【模式】|【索引颜色】命令，打开【索引颜色】对话框，如图 1-64 所示。
(3) 在对话框中设置好所需参数后，单击【确定】按钮，即可完成图像色彩模式的转换，图像文件标题栏中显示图像模式为【索引】，如图 1-65 所示，完成图像色彩模式的转换。

图 1-64 【索引颜色】对话框 图 1-65 索引色彩模式

 提示

索引颜色模式下的图像文件的信息量比较小，但是该模式下的图像颜色信息会有所丢失，因此该模式的图像通常应用于 Web 领域。

1.6 习题

一、填空题

1. _____ 也称为点阵图像，是由许多点组成的。其中每一个点即为一像素。

2. _____ 是以数学的矢量方式来记录图像内容的，其中的图形组成元素被称为对象。

3. _____ 是 Photoshop 中所编辑图像的基本单位。可以把像素看成是一个极小的方形的颜色块，每个小方块为一像素，也可称为栅格。

4. _____ 是指单位面积内图像所包含像素的数目，通常用像素/英寸和像素/厘米表示。

5. _____ 的高低直接影响图像的效果，使用太低的分辨率会导致图像粗糙。

二、选择题

1. ( )图像文件格式是 Photoshop 软件生成的格式，是唯一能支持全部图像色彩模式的格式。

  A. TIF   B. PSD

  C. JPG   D. BMP

2. RGB 模式是由下列中的( )颜色按不同比例混合而成的，也称真彩色模式。

  A. 红   B. 蓝

  C. 绿   D. 白

3. CMYK 模式是印刷时使用的一种颜色模式，由下列中的( )色彩组成。

  A. 青   B. 洋红

  C. 黄   D. 黑

计算机基础与实训教材系列

三、操作题

新建一个名为【练习.PSD】的图像文件，设置其宽度和高度分别为 600 像素，分辨率为 150 像素/英寸，如图 1-66 所示。在图像窗口的中间位置创建两条相互垂直的参考线，如图 1-67 所示。

图 1-66 设置参数

图 1-67 创建参考线

第2章

图像的基本操作

在前一章中学习了 Photoshop 的文件格式、色彩模式等基本知识，本章将学习图像的基本操作，包括查看图像、调整图像的大小和方向、变换和裁剪图像，以及还原和重做等。

本章重点

- 查看图像
- 图像的基本编辑功能
- 还原与重做
- 调整图像
- 擦除图像

二维码教学视频

【练习 2-1】通过对话框调整图像大小
【练习 2-2】精确设置画布尺寸
【练习 2-3】裁剪照片
【练习 2-4】移动卡通图像
【练习 2-5】复制卡通图像
【练习 2-6】缩放按钮图像
【实例演练】调整照片大小
【实例演练】制作立体图像

2.1 查看图像

在图像处理的过程中,通常需要对编辑的图像进行放大或缩小显示,以利于对图像进行编辑。用户可以通过状态栏、导航器和缩放工具来实现图像的缩放。

2.1.1 使用导航器查看

打开一幅图像文件后,选择【窗口】|【导航器】命令,打开【导航器】面板,该面板中显示当前图像的预览效果,如图 2-1 所示,按住鼠标左键左右拖动【导航器】面板底部滑动条上的滑块,即可对图像显示进行缩放,如图 2-2 所示。

在滑动条左侧的数值框中输入数值,可以直接以设置的比例完成缩放。当图像放大超过 100% 时,当前视图中只能观察到【导航器】面板中矩形线框内的图像,将鼠标指针移动到【导航器】面板矩形预览区内,指针将变成手形形状 ,这时按住左键不放并拖动,可调整图像的显示区域,如图 2-3 所示。

图 2-1 【导航器】面板   图 2-2 拖动滑块缩放显示   图 2-3 调整显示区域

2.1.2 使用缩放工具查看

使用工具箱中的【缩放工具】 可放大和缩小图像显示,也可使图像 100% 显示。要放大显示图像,可以使用如下两种操作方法。

方法一:在工具箱中单击【缩放工具】按钮 ,在需要放大显示的图像上单击鼠标,如图 2-4 所示,即可放大显示图像,如图 2-5 所示。

方法二:在工具箱中单击【缩放工具】按钮 ,在需要放大显示的图像上单击并向右拖动鼠标,即可按不同比例放大显示图像。

要缩小显示图像,可以使用如下两种操作方法。

方法一:在工具箱中单击【缩放工具】按钮 ,按住 Alt 键,当指针变为中心有一个减号的图标 时,在需要缩小显示的图像上单击鼠标,即可缩小显示图像,如图 2-6 所示。

方法二:在工具箱中单击【缩放工具】按钮 ,在需要缩小的图像上单击并向左拖动鼠标,即可按不同比例缩小显示图像。

图 2-4　单击鼠标　　　　　　图 2-5　放大图像　　　　　　图 2-6　缩小图像

提示

双击工具箱中的【缩放工具】 🔍 ，图像将以 100%的比例显示。

2.1.3　使用抓手工具平移图像

放大显示图像后，可以使用工具箱中的【抓手工具】 🖐 在图像窗口中移动显示图像。选择【抓手工具】 🖐 ，在放大的图像窗口中按住鼠标左键拖动，可以移动图像的显示区域，如图 2-7和图 2-8 所示。

图 2-7　移动图像前　　　　　　　　　　图 2-8　移动图像后

2.2　调整图像

为了更好地使用 Photoshop 绘制和处理图像，用户需要掌握一些常用的图像调整方法，其中包括图像和画布大小的调整，以及图像方向的调整等。

2.2.1　调整图像大小

用户对图像文件进行编辑时，有时需要调整图像的大小，这时可以通过改变图像的像素、高度、宽度和分辨率来调整。

【练习 2-1】通过对话框调整图像大小。

(1) 选择【文件】|【打开】命令，打开一幅图像文件，将鼠标移动到当前图像窗口底端的文档状态栏中，按住鼠标左键不放，可以显示出当前图像文件的宽度、高度和分辨率等信息，如图2-9 所示。

(2) 当选择的图层为【背景】图层时，在【属性】面板中展开【快速操作】栏，单击【图像大小】按钮，如图 2-10 所示，即可打开【图像大小】对话框，在此可以重新设置图像的大小，如图 2-11 所示。

图 2-9　显示图像文件信息　　　图 2-10　【属性】面板　　　图 2-11　【图像大小】对话框

> **提示**
>
> 选择【图像】|【图像大小】命令，或按 Ctrl+Alt+I 组合键，也可以打开【图像大小】对话框。

▽　【图像大小】：显示当前图像的大小。

▽　【尺寸】：显示当前图像的长宽值，单击选项中的下拉按钮 ，可以设置图像长宽的单位。

▽　【调整为】：可以在右方的下拉列表中直接选择图像的大小。

▽　【宽度】/【高度】：用于设置图像的宽度和高度，可以改变图像在屏幕上的显示尺寸大小。

▽　【分辨率】：用于设置图像分辨率的大小。

▽　【限制长宽比】 ：默认情况下，图像是按比例进行缩放，单击该按钮，将取消限制长宽比，图像可以不再按比例进行缩放。

(3) 完成图像大小的设置后，单击【确定】按钮完成操作，在文档状态栏中可以查看调整后的信息，如图 2-12 所示为等比例调整的图像，如图 2-13 所示为非等比例调整的图像。

图 2-12　调整后的图像　　　　　图 2-13　非等比例调整图像大小

> **提示**
>
> 在【图像大小】对话框中单击【限制长宽比】按钮 ，可以分别修改文档的宽度和高度，图像将不再按比例进行缩放。

2.2.2 调整画布大小

图像画布大小是指当前图像周围工作空间的大小。使用【画布大小】命令可以精确地设置图像画布的尺寸。

【练习 2-2】精确设置画布尺寸。

(1) 打开一幅图像文件，如图 2-14 所示，当选择的图层为【背景】图层时，在【属性】面板中展开【画布】栏，在其中可以直接改变图像的画布大小和模式等，如图 2-15 所示。当 按钮为按下状态时，可以等比例调整宽度和高度参数；单击 按钮可以将画布改变为纵向；单击 按钮可以将画布改变为横向。

图 2-14 打开图像文件　　　　图 2-15 设置画布大小

(2) 选择【图像】|【画布大小】命令，或右击图像窗口顶部的标题栏，在弹出的快捷菜单中选择【画布大小】命令，如图 2-16 所示。

(3) 在打开的【画布大小】对话框中可以查看和设置当前画布的大小。在【定位】栏中单击箭头指示按钮，可确定画布扩展方向，然后在【新建大小】栏中输入新的宽度和高度，如图 2-17 所示。

图 2-16 选择【画布大小】命令　　　　图 2-17 定位和设置画布大小

(4) 在【画布扩展颜色】下拉列表中可以选择画布的扩展颜色，或者单击右方的颜色按钮，打开【拾色器(画布扩展颜色)】对话框，在该对话框中可以设置画布的扩展颜色，如图 2-18 所示。

(5) 设置好画布大小和颜色后，单击【确定】按钮，即可修改画布的大小，如图 2-19 所示。

计算机基础与实训教材系列

图 2-18　设置画布扩展颜色

图 2-19　修改画布大小

2.2.3　调整图像方向

要调整图像的方向，可以选择【图像】|【旋转画布】命令，在打开的子菜单中选择相应命令来完成，如图 2-20 所示。

▽　180 度：选择该命令，可将整个图像旋转 180 度。

▽　顺时针 90 度：选择该命令，可将整个图像顺时针旋转 90 度。

▽　逆时针 90 度：选择该命令，可将整个图像逆时针旋转 90 度。

▽　任意角度：选择该命令，可以打开如图 2-21 所示的【旋转画布】对话框，在【角度】文本框中输入要旋转的角度，范围是-359.99～359.99，旋转的方向由【顺时针】和【逆时针】单选按钮决定。

图 2-20　【旋转画布】子菜单

图 2-21　设置旋转角度

▽　水平翻转画布：选择该命令，可将整个图像水平翻转。

▽　垂直翻转画布：选择该命令，可将整个图像垂直翻转。

调整图像的方向时，各种翻转效果如图 2-22 所示。

(a) 原图像

(b) 旋转 180 度

(c) 顺时针旋转 90 度

(d) 逆时针旋转 90 度　　　　　(e) 水平翻转　　　　　(f) 垂直翻转

图 2-22 各种翻转效果

2.2.4 裁剪图像

使用【裁剪工具】 可以将多余部分的图像裁剪掉，从而得到需要的图像。选择【裁剪工具】 ，在图像中单击并拖动鼠标，将绘制出一个矩形区域，矩形区域内部代表裁剪后图像的保留部分，矩形区域外的部分将被删除掉，【裁剪工具】属性栏如图 2-23 所示。

图 2-23 【裁剪工具】属性栏

▽ 比例：设置裁剪图像时的比例。
▽ 清除：清除上次操作时设置的高度、宽度以及分辨率等数值。
▽ 按钮：单击该按钮可以取消当前裁剪操作。
▽ 按钮：单击该按钮，或按 Enter 键可以对裁剪操作进行确定。

【练习 2-3】裁剪照片。

(1) 打开一幅图像文件，选择工具箱中的【裁剪工具】 ，然后在图像中拖动绘制出一个裁剪矩形区域，如图 2-24 所示。

(2) 将鼠标移动到裁剪矩形框的右方中点上，当其变为双向箭头 时拖动鼠标，可以调整裁剪矩形框的大小，如图 2-25 所示。

图 2-24 绘制裁剪区域　　　　　　　　　图 2-25 调整裁剪区域

(3) 将鼠标移动到裁剪矩形框的四个角外(如右上方角点外)，当其变为旋转箭头 时拖动鼠标，可以旋转裁剪矩形框，如图 2-26 所示。

(4) 按 Enter 键，或单击工具属性栏中的【提交】按钮✔进行确定，即可完成图像的裁剪，裁剪后的图片效果如图 2-27 所示。

图 2-26　旋转裁剪矩形框　　　　　　　　　　　图 2-27　裁剪后的图片

2.3　图像的基本编辑功能

除了对整个图像进行调整外，还可以对文件中单一的图像进行操作。其中包括移动图像、复制图像、缩放图像、旋转与斜切图像、扭曲与透视图像、翻转图像等。

2.3.1　移动图像

移动图像分为整体移动和局部移动，整体移动是将当前工作图层上的图像从一个地方移动到另一个地方，而局部移动是对图像中的部分图像进行移动。

【练习 2-4】移动卡通图像。

(1) 打开【卡通图.psd】图像文件，并在【图层】面板中选择【图层 1】图层，如图 2-28 所示。

(2) 在工具箱中选择【移动工具】⊕，然后在卡通狮子图像上按住鼠标左键，将图像拖动到图像左侧位置，即可向左移动该图像，如图 2-29 所示。

图 2-28　打开图像文件　　　　　　　　　　　图 2-29　移动图像

2.3.2　复制图像

复制图像可以方便用户快捷地制作出相同的图像，用户还可以通过复制图像文件，将图像中的图层、图层蒙版和通道等都进行复制。

【练习 2-5】复制卡通图像。

(1) 打开未编辑过的【卡通图.psd】图像文件，在【图层】面板中选择【图层 1】图层。

(2) 选择工具箱中的【移动工具】 ，按住 Alt 键，同时拖动卡通狮子图像，即可对其进行移动复制，如图 2-30 所示，在【图层】面板中将显示得到的复制图层，如图 2-31 所示。

图 2-30　复制图像

图 2-31　得到的图层

> 🖱️ **提示**
>
> 使用选区工具选择需要的图像后，可以使用【编辑】|【复制】和【编辑】|【粘贴】命令对所选图像进行复制。

(3) 选择【图像】|【复制】命令，打开【复制图像】对话框，如图 2-32 所示。

(4) 默认状态下，文件名称后面会出现【拷贝】文字，单击【确定】按钮，即可得到复制的图像文件，在图像窗口左上方将显示文件名称，如图 2-33 所示。

图 2-32　【复制图像】对话框

图 2-33　复制的文件

2.3.3　缩放图像

在 Photoshop 里，可以通过调整定界框来改变图像大小。缩放对象的具体操作方法如下：

计算机基础与实训教材系列

【练习 2-6】缩放按钮图像。

(1) 打开【按钮.psd】图像文件，在【图层】面板中选择【图层 1】图层。

(2) 选择【编辑】|【变换】|【缩放】命令，图像周围即可出现一个控制方框，如图 2-34 所示。

(3) 将鼠标放到控制框任意一个角外侧，按住鼠标左键进行拖动，即可对图像做等比例缩放，如按住右上角向内拖动，可以等比例缩小图像，如图 2-35 所示。

(4) 将鼠标置于控制方框内，按住鼠标左键进行拖动，可以移动图像，然后按 Enter 键或双击鼠标，完成图像的缩放，如图 2-36 所示。

图 2-34　使用【缩放】命令

图 2-35　缩小图像

图 2-36　调整好图像位置

2.3.4　斜切与旋转图像

斜切与旋转图像的操作与缩放对象类似，选择【编辑】|【变换】命令，然后在子菜单中选择【斜切】或【旋转】命令，拖动方框中的任意一角即可进行斜切与旋转，如图 2-37 和图 2-38 所示。

图 2-37　斜切图像

图 2-38　旋转图像

2.3.5　扭曲与透视图像

使用【扭曲】或【透视】命令，可以为图像增添某些效果。选择【编辑】|【变换】命令，然后在子菜单中选择【扭曲】或【透视】命令，拖动方框中的任意一角即可对图像做扭曲与透视处理，效果分别如图 2-39 和图 2-40 所示。

图 2-39　扭曲图像　　　　　　　　图 2-40　透视图像

2.3.6　变形图像

在 Photoshop 中有一个【变形】命令，使用该命令可以使图像中出现一个网格，通过对网格进行编辑即可达到变形的效果。

【练习 2-7】对按钮图形进行变形操作。

(1) 打开未编辑过的【按钮.psd】图像文件，在【图层】面板中选择需要进行变形操作的图层。选择【编辑】|【变换】|【变形】命令，在图像中即可出现一个网格图形，如图 2-41 所示。

(2) 按住网格上下左右的小圆点进行拖动，调整控制手柄即可对图像进行变形编辑，如图 2-42 所示。

图 2-41　出现网格　　　　　　　　图 2-42　使图像变形

(3) 在属性栏中还有一些固定的形状，在属性栏中单击【变形】选项旁边的三角形按钮，在其下拉列表框中可选择一种变形样式，如选择【旗帜】选项，如图 2-43 所示。

(4) 按 Enter 键即可完成图像的变形操作，效果如图 2-44 所示。

图 2-43　选择变形样式　　　　　　图 2-44　图像变形效果

2.3.7 翻转图像

在图像编辑过程中，如需要使用对称的图像，则可以将图像进行翻转。翻转图像的具体操作方式如下例所示。

【练习2-8】对按钮进行翻转。

(1) 打开【按钮 2.psd】分层图像文件，在【图层】面板中选择【按钮】图层，如图 2-45 所示。

(2) 选择【编辑】|【变换】|【水平翻转】命令，可对按钮进行水平翻转，效果如图 2-46 所示。

(3) 选择【编辑】|【变换】|【垂直翻转】命令，可对按钮进行垂直翻转，效果如图 2-47 所示。

图 2-45　原图　　　　　　图 2-46　水平翻转图像　　　　　图 2-47　垂直翻转图像

> **提示**
> 这里的翻转图像是针对分层图像中的单一对象而言，与【水平(垂直)翻转画布】命令是不同的。

2.4　擦除图像

使用橡皮擦工具组中的工具可以方便地擦除图像中的局部图像。橡皮擦工具组中包括【橡皮擦工具】、【背景橡皮擦工具】和【魔术橡皮擦工具】。

2.4.1　使用橡皮擦工具

【橡皮擦工具】主要用来擦除当前图像中的颜色。选择【橡皮擦工具】后，可以在图像中拖动鼠标，根据画笔形状对图像进行擦除。【橡皮擦工具】属性栏如图 2-48 所示。

图 2-48　【橡皮擦工具】属性栏

▽ 模式：单击右侧的三角按钮，在下拉列表中可以选择画笔、铅笔和块 3 种擦除模式。

▽ 不透明度：设置参数可以直接改变擦除时图像的透明程度。

▽ 流量：数值越小，擦除图像的时候画笔压力越小，擦除的图像将透明显示。

▽ 抹到历史记录：选中此复选框，可以将图像擦除至【历史记录】面板中的恢复点外的图像效果。

【练习2-9】擦除图像。

(1) 打开一幅图像文件，在工具箱中选择【橡皮擦工具】，然后设置工具箱中的背景色为白色，如图 2-49 所示。

(2) 在工具属性栏中单击【画笔】旁边的三角形按钮，在打开的面板中选择【柔边圆】，然后设置画笔大小，如图 2-50 所示。

图 2-49　打开图像

图 2-50　选择并设置画笔

(3) 在图像窗口中拖动鼠标擦除背景图像，擦除的图像呈现背景色，如图 2-51 所示。

(4) 选择【窗口】|【历史记录】命令，打开【历史记录】面板，单击原图文件，即可回到图像原始状态，如图 2-52 所示。

图 2-51　擦除图像

图 2-52　返回原始状态

(5) 在【图层】面板中双击背景图层，在打开的【新建图层】对话框中单击【确定】按钮，将其转换为普通图层，如图 2-53 所示。

(6) 选择【橡皮擦工具】，然后在图像中拖动，擦除背景图像，可以得到透明的背景效果，如图 2-54 所示。

图 2-53　转换背景图层为普通图层

图 2-54　擦除背景图像

2.4.2 使用背景橡皮擦工具

使用【背景橡皮擦工具】 可在拖动时将图层上的像素抹成透明效果，从而可以在抹除背景的同时在前景中保留对象的边缘。通过指定不同的取样和容差选项，可以控制透明效果的范围和边界的锐化程度。其属性栏中显示各种属性，如图 2-55 所示。

图 2-55　【背景橡皮擦工具】属性栏

▽ 连续取样按钮 ：按下此按钮，在擦除图像过程中将连续采集取样点。
▽ 一次取样按钮 ：按下此按钮，将第一次单击鼠标位置的颜色作为取样点。
▽ 背景色板取样按钮 ：按下此按钮，将当前背景色作为取样色。
▽ 限制：单击右侧的三角按钮，打开下拉列表，其中【不连续】指整修图像上擦除样本色彩的区域；【连续】指只擦除连续的包含样本色彩的区域；【查找边缘】指自动查找与取样色彩区域连接的边界，在擦除过程中能更好地保持边缘锐化效果。
▽ 容差：用于调整需要擦除的与取样点色彩相近的颜色范围。
▽ 保护前景色：选中该复选框，可以保护图像中与前景色一致的区域不被擦除。

使用【背景橡皮擦工具】 在擦除背景图层的图像时，擦除后的图像将显示为透明效果，背景图层也将自动转换为普通图层，如图 2-56 和图 2-57 所示是擦除背景图层图像时的前后对比效果。

图 2-56　原图像

图 2-57　擦除图像后的效果

2.4.3 使用魔术橡皮擦工具

【魔术橡皮擦工具】 结合了【魔棒工具】 与【背景橡皮擦工具】 的功能，只需在需要擦除的颜色范围内单击，便可以自动擦除该颜色处相近的图像区域，擦除后的图像背景显示为透明状态。【魔术橡皮擦工具】属性栏如图 2-58 所示。

图 2-58　【魔术橡皮擦工具】属性栏

▽ 【容差】：在其中输入数值，可以设置被擦除图像颜色与取样颜色之间差异的大小，数值越小，擦除的图像颜色与取样颜色越相近。
▽ 【消除锯齿】：选中该复选框，会使擦除区域的边缘更加光滑。

▽ 【连续】：选中该复选框，可以擦除位于点选区域附近，并且在容差范围内的颜色区域，如图 2-59 所示。取消选中此复选框，则只要在容差范围内的颜色区域都将被擦除，如图 2-60 所示。

▽ 对所有图层取样：选中该复选框，可以利用所有可见图层中的组合数据来采集色样，否则只采集当前图层的颜色信息。

图 2-59　连续擦除效果

图 2-60　非连续擦除效果

2.5　还原与重做

在编辑图像的时候有时会执行一些错误的操作，使用还原图像操作即可轻松返回到原始状态，还可以通过该功能制作一些特殊效果。

2.5.1　通过菜单命令操作

当用户在绘制图像时，常常需要进行反复的修改才能得到理想的效果，在操作过程中经常会遇到撤销之前的步骤重新操作，这时可以通过下面的方法来撤销误操作。

▽ 选择【编辑】|【还原】命令，可以撤销最近一次进行的操作。

▽ 选择【编辑】|【后退一步】命令，可以向前撤销一步操作。

▽ 选择【编辑】|【前进一步】命令，可以恢复被撤销的一步操作。

2.5.2　通过【历史记录】面板操作

当用户使用了其他工具在图像上进行误操作后，可以使用【历史记录】面板来还原图像。【历史记录】面板用来记录对图像所进行的操作步骤，并可以帮助用户恢复到【历史记录】面板中显示的任何操作状态。

【练习 2-10】使用【历史记录】面板进行还原操作。

(1) 打开任意一幅图像文件，选择【窗口】|【历史记录】命令，打开【历史记录】面板，如图 2-61 所示。

(2) 在工具箱中选择【横排文字工具】 T ，在图像中单击鼠标，然后输入文字，可以看到在【历史记录】面板中已经有了输入文字的记录，如图 2-62 所示。

计算机基础与实训教材系列

图 2-61　打开图像

图 2-62　输入文字

(3) 在工具箱中选择【移动工具】 ➕，然后将创建的文字拖动到图像窗口的左下方，【历史记录】面板中将出现相应的操作步骤，如图 2-63 所示。

(4) 将鼠标移动到【历史记录】面板中，单击操作的第二步，即创建文字的步骤，可以将图像返回到移动文字前的效果，如图 2-64 所示。

图 2-63　移动文字

图 2-64　还原创建文字

2.5.3　通过组合键操作

当用户在绘制图像时，除了可以使用菜单命令和【历史记录】面板进行还原与重做操作外，也可以使用组合键进行操作。

▽ 按 Ctrl+Z 组合键可以撤销最近一次进行的操作，再次按 Ctrl+Z 组合键可以重做被撤销的操作。

▽ 按 Alt+Ctrl+Z 组合键可以向前撤销一步操作。

▽ 按 Shift+Ctrl+Z 组合键可以向后重做一步操作。

2.6　实例演练

本节综合应用所学的 Photoshop 图像基本操作，包括查看图像、调整图像和编辑图像等，练习利用 Photoshop 调整照片大小和制作立体图像的操作。

2.6.1　调整照片大小

本小节将对照片的大小进行调整，并将多余的图像裁剪掉。调整照片的具体操作步骤如下。

(1) 启动 Photoshop 2020，打开【模特.jpg】图像文件，如图 2-65 所示。

(2) 选择【图像】|【图像大小】命令，打开【图像大小】对话框，重新设置图像的大小，如图 2-66 所示，单击【确定】按钮，得到图像调整效果。

图 2-65　打开照片图像

图 2-66　设置图像大小

(3) 单击工具箱中的【裁剪工具】按钮 ，然后在图像窗口中框选需要的图像区域，并通过拖动裁剪边框调整裁剪的区域，如图 2-67 所示。

(4) 按 Enter 键完成裁剪操作，图像效果如图 2-68 所示。

图 2-67　指定裁剪区域

图 2-68　裁剪图像

2.6.2　制作立体图像

本案例将制作立体图像效果，主要练习复制图像、翻转图像和透视图像等操作。制作立体图像效果的具体操作步骤如下。

(1) 打开【风景.psd】图像文件，如图 2-69 所示。选择工具箱中的【移动工具】 ，按住 Alt 键的同时拖动【图层 2】中的图像，对其进行复制，如图 2-70 所示。

计算机基础与实训教材系列

图 2-69　打开图像文件　　　　　　　　图 2-70　复制图像

(2) 选择【编辑】|【变换】|【垂直翻转】命令，将复制得到的图像垂直翻转，效果如图 2-71 所示。

(3) 使用工具箱中的【橡皮擦工具】　将翻转图像的底部擦除，如图 2-72 所示。

图 2-71　垂直翻转图像　　　　　　　　图 2-72　擦除底部图像

(4) 在【图层】面板中单击【图层 1】选项，选中【图层 1】，如图 2-73 所示。

(5) 选择【编辑】|【变换】|【透视】命令，然后对【图层 1】中的图像进行透视调整，如图 2-74 所示。

图 2-73　选中【图层 1】　　　　　　　图 2-74　透视调整图像

(6) 选中【图层 3】，然后选择【编辑】|【变换】|【透视】命令，然后对【图层 3】中的图像进行透视调整，如图 2-75 所示。

(7) 选中【图层 1】，然后选择工具箱中的【移动工具】　，按住 Alt 键，同时拖动【图层 1】中的图像，对其进行复制，如图 2-76 所示。

图 2-75　透视调整图像

图 2-76　复制【图层 1】

(8) 将复制得到的图像垂直翻转，然后选择【编辑】|【变换】|【扭曲】命令，对翻转后的图像进行变形调整，然后使用【橡皮擦工具】 ✎ 将翻转图像的底部擦除，如图 2-77 所示。

(9) 选中【图层 3】，然后对该图层的图像进行复制、垂直翻转、扭曲和擦除操作，完成本例的制作，效果如图 2-78 所示。

图 2-77　编辑图像

图 2-78　复制并编辑图像

2.7　习题

一、填空题

1. 按住鼠标左键左右拖动＿＿＿＿＿＿＿面板底部滑动条上的滑块，即可对图像显示进行缩放。

2. 在工具箱中单击＿＿＿＿＿＿＿按钮，在需要放大显示的图像上单击鼠标，即可放大显示图像。

3. 放大显示图像后，可以使用工具箱中的＿＿＿＿＿＿＿在图像窗口中移动显示图像。

4. 使用＿＿＿＿＿＿＿工具可以将多余部分的图像裁剪掉，从而得到需要的那部分图像。

二、选择题

1. 选择工具箱中的(　　)工具，在图像上按住鼠标左键并拖动，可以移动图像。
   A. 移动　　　　　　　　　　B. 选取
   C. 文字　　　　　　　　　　D. 裁剪
2. 要调整图像的方向，可以选择(　　)命令，在其子菜单中选择相应命令来完成。

A. 复制   B. 旋转画布

C. 图像大小   D. 画布大小

3. 选择【编辑】|【变换】命令，然后在子菜单中选择( )命令，拖动方框中的任意一角即可对图像进行扭曲。

A. 旋转   B. 透视

C. 斜切   D. 扭曲

三、操作题

打开素材文件【山水.psd】，选择【编辑】|【变换】|【缩放】命令，将文字缩小，然后选择【编辑】|【变换】|【斜切】命令，对文字进行斜切，效果分别如图 2-79、图 2-80 和图 2-81 所示。

图 2-79 打开素材   图 2-80 缩小文字   图 2-81 倾斜文字

第3章

图层的基本操作

在 Photoshop 中图层的应用是非常重要的一个功能，本章将详细介绍图层的基本应用，主要包括图层的概念，【图层】面板，图层的创建、复制、删除和选择等基本操作，还将介绍图层的对齐与分布、图层组的管理，以及图层混合模式的应用等。

本章重点

- 了解图层
- 对图层进行编辑
- 图层的常用操作
- 管理图层

二维码教学视频

【练习 3-1】在【图层】面板中查看内容
【练习 3-2】选择多个连续的图层
【练习 3-3】选择多个不连续的图层
【练习 3-4】创建调整图像色调和色彩的图层
【练习 3-5】通过多种方法复制图层
【练习 3-6】通过多种方法隐藏图层
【实例演练】制作水中芭蕾舞蹈
【实例演练】花坊促销广告

3.1 了解图层

图层是 Photoshop 的核心功能之一，用户可以通过该功能按照个人需求对图像进行编辑和修饰。通过使用 Photoshop 的图层功能，用户可以制作出更加优秀的作品。

3.1.1 什么是图层

图层用于装载各类图像，是图像的载体。在 Photoshop 中，一个图像通常由若干个图层组成，如果没有图层，就没有图像存在。

例如，新建一个图像文档时，系统会自动在新建的图像窗口中生成一个背景图层，用户可以通过绘图工具在图层上进行绘图。在如图 3-1 所示的图像中，便是由如图 3-2、图 3-3 和图 3-4 所示的 3 个图层中的图像组成的。

图 3-1　图像效果

图 3-2　天空和草地图层

图 3-3　树木和花朵图层

图 3-4　兔子和拉车图层

3.1.2 使用【图层】面板

在学习图层的基本操作之前，首先需要了解【图层】面板。在【图层】面板中可以实现对图层的管理和编辑，如新建图层、复制图层、设置图层的混合模式以及添加图层样式等。

【练习 3-1】在【图层】面板中查看内容。

(1) 选择【文件】|【打开】命令，打开【你好春天.psd】素材文件，如图 3-5 所示，这时可以在工作界面右侧的【图层】面板中查看到它的图层，如图 3-6 所示。

图 3-5　合成图像　　　　　　　　　　图 3-6　【图层】面板

【图层】面板中各选项含义如下。

▽　【类型】按钮：单击该按钮，在其下拉列表中有 5 种类型，分别是【名称】【效果】【模式】【属性】和【颜色】，当【图层】面板中图层较多时，用户可以根据需要选择所对应的图层类型，如选择【颜色】即可在【图层】面板中显示标有颜色的图层，如图 3-7 所示。

▽　【像素图层过滤镜】按钮：该组按钮分别代表【像素图层过滤镜】【调整图层过滤镜】【文字图层过滤镜】【形状图层过滤镜】和【智能对象过滤镜】，用户可以根据需要选择对应的按钮，即可显示单一类型的图层，如单击【文字图层过滤镜】按钮 T，即可在【图层】面板中只显示文字图层，如图 3-8 所示。

图 3-7　显示颜色图层

图 3-8　显示文字图层

▽　【锁定】：用于设置图层的锁定方式，其中有【锁定透明像素】按钮、【锁定图像像素】按钮、【锁定位置】按钮和【锁定全部】按钮。

▽　【填充】：用于设置图层填充的不透明度。

▽　【链接图层】按钮：选择两个或两个以上的图层，再单击该按钮，可以链接图层，链接的图层可同时进行各种变换操作。

▽　【添加图层样式】按钮 fx：在弹出的菜单中选择命令来设置图层样式。

▽　【添加图层蒙版】按钮：单击该按钮，可为图层添加蒙版。

▽ 【创建新的填充或调整图层】按钮 ：在弹出的菜单中选择命令创建新的填充或调整图层，可以调整当前图层下所有图层的色调效果。

▽ 【创建新组】按钮 ：单击该按钮，可以创建新的图层组。可以将多个图层放置在一起，方便用户进行查找和编辑操作。

▽ 【创建新图层】按钮 ：单击该按钮可以创建一个新的空白图层。

▽ 【删除图层】按钮 ：用于删除当前选取的图层。

(2) 单击面板右侧的面板菜单按钮，在弹出的菜单中选择【面板选项】命令，将打开【图层面板选项】对话框对外观进行设置，如图 3-9 所示。

(3) 如设置缩览图为最大，单击【确定】按钮，得到调整图层缩览图大小和显示方式的效果，如图 3-10 所示。再次打开【图层面板选项】对话框可以进行各项还原设置。

图 3-9　【图层面板选项】对话框

图 3-10　调整后的【图层】面板

3.2　图层的常用操作

在【图层】面板中，用户可以方便地实现图层的创建、复制、删除、排序、链接和合并等操作，从而制作出复杂的图像效果。

3.2.1　选择图层

在 Photoshop 中，只有正确地选择了图层，才能正确地对图像进行编辑及修饰，用户可以通过如下 3 种方法选择图层。

1. 选择单个图层

如果要选择某个图层，只需在【图层】面板中单击要选择的图层即可。在默认状态下，被选择的图层背景呈深灰色显示，如图 3-11 所示是选择【图层 1】图层的效果。

2. 选择多个连续的图层

选择第一个图层后，按住 Shift 键的同时单击另一个图层，可以选择两个图层(包含这两个图层)之间的所有图层。

【练习 3-2】选择多个连续的图层。

(1) 打开【图层练习.psd】图像文件，在【图层】面板中单击【图层 2】图层将其选中，如图 3-12 所示。

(2) 按住 Shift 键的同时单击【图层 4】图层，即可选择包括【图层 2】和【图层 4】以及它们之间的所有图层，如图 3-13 所示。

图 3-11　选择【图层 1】的效果

图 3-12　选择【图层 2】

图 3-13　选择多个连续的图层

3. 选择多个不连续的图层

如果要选择不连续的多个图层，可以在选择第一个图层后，按住 Ctrl 键的同时单击其他需要选择的图层。

【练习 3-3】选择多个不连续的图层。

(1) 打开【图层练习.psd】图像文件，在【图层】面板中单击【图层 5】图层将其选中，如图 3-14 所示。

(2) 按住 Ctrl 键的同时单击【图层 3】和【图层 1】图层，如图 3-13 所示，即可同时选择这几个图层，如图 3-15 所示。

图 3-14　选择【图层 5】

图 3-15　选择多个不连续的图层

计算机基础与实训教材系列

3.2.2 创建普通图层

新建图层是指在【图层】面板中创建一个新的空白图层，并且新建的图层位于所选择图层的上方。创建图层之前，首先要新建或打开一个图像文档，然后可以通过【图层】面板快速创建新图层，也可以通过菜单命令来实现。

1. 通过【图层】面板创建图层

单击【图层】面板底部的【创建新图层】按钮 ⊞ ，可以快速创建具有默认名称的新图层，图层名依次为【图层 1、图层 2、图层 3、…】，由于新建的图层没有像素，所以呈透明显示，如图 3-16 和图 3-17 所示。

图 3-16 创建图层前　　　　　　　　　　图 3-17 新建图层 1

2. 通过菜单命令创建图层

通过菜单命令创建图层，不但可以定义图层在【图层】面板中的显示颜色，还可以定义图层的混合模式、不透明度和名称。

选择【图层】|【新建】|【图层】命令，或者按 Ctrl+Shift+N 组合键，将打开【新建图层】对话框，然后在其中设置图层名称和其他选项，如图 3-18 所示，单击【确定】按钮，即可创建一个指定的新图层，如图 3-19 所示。

图 3-18 设置新建图层参数　　　　　　　图 3-19 创建新图层

【新建图层】对话框中主要选项的作用如下。

▽ 名称：用于设置新建图层的名称，以方便用户查找图层。

▽ 使用前一图层创建剪贴蒙版：选中该复选框，可以将新建的图层与前一图层进行编组，形成剪贴蒙版。

▽　颜色：用于设置新建图层在【图层】面板中的显示颜色。

▽　模式：用于设置新建图层的混合模式。

▽　不透明度：用于设置新建图层的透明程度。

提示

在 Photoshop 中还可以通过其他方法创建图层。例如，在图像中先创建一个选区，然后选择【图层】|【新建】|【通过拷贝的图层】命令；或者选择【图层】|【新建】|【通过剪切的图层】命令；或者按 Shift+Ctrl+J 组合键，即可创建一个图层。

---

3. 创建文字图层

当用户在图像中输入文字后，【图层】面板中将自动新建一个相应的文字图层。方法是选择任意一种文字工具，在图像中单击插入光标，然后输入文字，如图 3-20 所示，即可得到一个文字图层，如图 3-21 所示。

图 3-20　输入文字

图 3-21　新建的文字图层

4. 创建形状图层

选择工具箱中的某一个形状工具，在属性栏左侧的【工具模式】中选择【形状】，然后在图像中绘制形状，如图 3-22 所示，这时【图层】面板中将自动创建一个形状图层，如图 3-23 所示为使用【自定形状工具】绘制图形后创建的形状图层。

图 3-22　绘制形状

图 3-23　新建的形状图层

3.2.3　创建填充和调整图层

在 Photoshop 中，还可以为图像创建新的填充或调整图层。填充图层在创建后就已经填充了颜色或图案;而调整图层的作用则与【调整】命令相似,主要用来整体调整所有图层的色彩和色调。

【练习3-4】创建调整图像色调和色彩的图层。

(1) 打开【图层练习.psd】图像文件,单击【图层】面板下方的【创建新的填充或调整图层】按钮,在弹出的菜单中选择一个调整图层的命令,如【色彩平衡】命令,如图3-24所示。

(2) 选择【色彩平衡】命令后,即可自动切换到【属性】面板中,在其中可以对参数进行调整,如图3-25所示;而在【图层】面板中将创建出【色彩平衡】调整图层,如图3-26所示。

图 3-24 选择命令

图 3-25 调整色彩

图 3-26 新建的调整图层

(3) 选择【图层】|【新建填充图层】|【渐变】命令,将打开【新建图层】对话框,如图3-27所示。

(4) 在【新建图层】对话框单击【确定】按钮,打开【渐变填充】对话框,然后设置渐变填充的颜色、样式、角度等,如图3-28所示。

(5) 在【渐变填充】对话框中单击【确定】按钮,即可在当前图层的上一层创建一个【渐变填充】图层,如图3-29所示。

图 3-27 【新建图层】对话框

图 3-28 【渐变填充】对话框

图 3-29 创建【渐变填充】图层

3.2.4 复制图层

复制图层是为一个已存在的图层创建副本,从而得到一个相同的图像,用户可以对图层副本进行相关操作。下面介绍复制图层的方法。

【练习3-5】通过多种方法复制图层。

(1) 打开【蝴蝶仙子.psd】素材文件，如图 3-30 所示，在【图层】面板中可以看到背景、人物和蝴蝶 3 个图层，如图 3-31 所示。用户可以通过 3 种常用方法对图层进行复制。

图 3-30　图像文件

图 3-31　【图层】面板

(2) 选择【蝴蝶】图层，选择【图层】|【复制图层】命令，打开【复制图层】对话框，如图 3-32 所示，保持对话框中的默认设置，单击【确定】按钮即可得到复制的图层【蝴蝶 拷贝】，如图 3-33 所示。

图 3-32　【复制图层】对话框

图 3-33　得到复制的图层

(3) 选择【移动工具】，将鼠标置于粉红色蝴蝶图像中，按住 Alt 键，这时鼠标将变成双箭头状态，拖动图像，即可进行移动复制，如图 3-34 所示，得到复制的图层，如图 3-35 所示。

图 3-34　拖动图像

图 3-35　得到复制的图层

(4) 在【图层】面板中将【蝴蝶】图层直接拖动到下方的【创建新图层】按钮 中，如图 3-36 所示，可以直接复制图层，如图 3-37 所示。

计算机基础与实训教材系列

图 3-36 拖动图层

图 3-37 直接复制图层

提示

选择需要复制的图层，然后按 Ctrl+J 组合键也可以快速地对选择的图层进行复制。

3.2.5 隐藏与显示图层

当一幅图像有较多的图层时，为了便于操作可以将其中不需要显示的图层进行隐藏。下面将介绍隐藏与显示图层的具体操作方法。

1. 隐藏图层

打开一个图像文件，可以看到图层前面都有一个眼睛图标 👁，表示所有图层都显示在视图中，用户可以根据需要对其中的图层进行隐藏。

【练习 3-6】通过多种方法隐藏图层。

(1) 打开【水墨画.psd】素材文件，单击【图层 3】前面的眼睛图标 👁，即可隐藏该图层，如图 3-38 所示，隐藏【图层 3】后的效果如图 3-39 所示。

图 3-38 隐藏【图层 3】

图 3-39 隐藏【图层 3】后的效果

(2) 按住 Alt 键单击某一图层前面的眼睛图标 👁，可以隐藏除该图层以外的其他所有图层，如单击背景图层，如图 3-40 所示，即可隐藏其他图层，效果如图 3-41 所示。

计算机基础与实训教材系列

图 3-40　隐藏其他图层

图 3-41　隐藏其他图层后的效果

2. 显示图层

隐藏图层后，该图层前的眼睛图标 将转变为图标 ，用户可以通过单击该图标，显示被隐藏的图层。

3.2.6　删除图层

对于不需要的图层，可以使用菜单命令删除图层或通过【图层】面板删除图层，删除图层后该图层中的图像也将被删除。

1. 通过菜单命令删除图层

在【图层】面板中选择要删除的图层，然后选择【图层】|【删除】|【图层】命令，即可删除选择的图层。

2. 通过【图层】面板删除图层

在【图层】面板中选择要删除的图层，然后单击【图层】面板底部的【删除图层】按钮 ，即可删除选择的图层。

3.3　编辑图层

在绘制图像的过程中，用户可以通过图层的编辑功能对图层进行编辑和管理，使图像效果变得更加完美。

3.3.1　链接图层

图层的链接是指将多个图层链接成一组，可以对链接的图层进行移动、变换等操作，还能将链接在一起的多个图层同时复制到另一个图像窗口中。

单击【图层】面板底部的【链接图层】按钮 ，即可将选择的图层链接在一起。例如，选择如图 3-42 所示的 3 个图层，然后单击【图层】面板底部的【链接图层】按钮 ，即可将选择的 3 个图层链接在一起，在链接图层的右侧会出现链接图标 ，如图 3-43 所示。

图 3-42　选择多个图层　　　　　　　　图 3-43　链接的图层

3.3.2　合并图层

合并图层是指将几个图层合并成一个图层，这样做不仅可以减小文件的大小，还可以方便用户对合并后的图层进行编辑。下面介绍合并图层的常用操作方式。

1. 向下合并图层

向下合并图层就是将当前图层与其底部的第一个图层进行合并。例如，将如图 3-44 所示的【三角形】图层合并到【圆形】图层中，首先选择【三角形】图层，然后选择【图层】|【合并图层】命令或按 Ctrl+E 组合键，即可将【三角形】图层中的内容向下合并到【圆形】图层中，如图 3-45 所示。

图 3-44　合并前的图层　　　　　　　　图 3-45　合并后的图层

2. 合并可见图层

合并可见图层是将当前所有的可见图层合并成一个图层，选择【图层】|【合并可见图层】命令即可。图 3-46 所示为隐藏【正方形】图层后的【图层】面板，图 3-47 所示为合并可见图层后的图层显示效果。

图 3-46　合并前的图层

图 3-47　合并后的图层

3. 拼合图像

拼合图层是将所有可见图层进行合并，而隐藏的图层将被丢弃，选择【图层】|【拼合图像】命令即可。如图 3-48 和图 3-49 所示分别为拼合图层前后的图层显示效果。

图 3-48　拼合前的图层

图 3-49　拼合后的图层

3.3.3　将背景图层转换为普通图层

在默认情况下，背景图层处于锁定状态，不能进行移动和变换操作。这样会为图像处理操作带来不便，这时用户可以根据需要将背景图层转换为普通图层。

【练习 3-7】对背景图层进行转换。

(1) 打开任意一幅素材图像，可以看到其背景图层为锁定状态，如图 3-50 所示。

(2) 在【图层】面板中双击背景图层，即可打开【新建图层】对话框，其默认的【名称】为图层 0，如图 3-51 所示。

(3) 设置图层各选项后，单击【确定】按钮，即可将背景图层转换为普通图层，如图 3-52 所示。

计算机基础与实训教材系列

图 3-50　背景图层

图 3-51　【新建图层】对话框

图 3-52　转换后的图层

计算机基础与实训教材系列

🍶　**提示**

在【图层】面板中双击图层的名称，可以激活图层的名称，然后即可方便地对图层名称进行修改。

3.3.4　对齐图层

对齐图层是指将选择或链接后的多个图层按一定的规律进行对齐，选择【图层】|【对齐】命令，再在其子菜单中选择所需的子命令，即可将选择或链接后的图层按相应的方式对齐。

【练习 3-8】将不同图层的图像对齐。

(1) 打开【下雪.psd】素材文件，如图 3-53 所示，按住 Ctrl 键选择【图层 1】【图层 2】和【图层 3】图层，如图 3-54 所示。

图 3-53　打开素材图像

图 3-54　选择图层

(2) 选择【图层】|【对齐】命令，如图 3-55 所示，即可在子菜单中选择需要对齐的方式，如选择【垂直居中】命令，即可将所选择图层中的图像进行垂直居中对齐，得到的效果如图 3-56 所示。

图 3-55　选择对齐命令　　　　　　　　图 3-56　垂直居中对齐

(3) 按 Ctrl+Z 组合键后退一步。如选择【底边】命令，可以得到如图 3-57 所示的对齐效果；选择【水平居中】命令，可以得到如图 3-58 所示的对齐效果。

图 3-57　底边对齐　　　　　　　　　　图 3-58　水平居中对齐

提示

选择多个图层后，选择【移动工具】，工具属性栏中将出现各种对齐按钮，单击其中的按钮可以得到相应的效果。

3.3.5　分布图层

图层的分布是指将 3 个以上的链接图层按一定规律在图像窗口中进行分布。选择【图层】|【分布】命令，再在其子菜单中选择所需的子命令，即可按指定的方式分布选择的图层，如图 3-59 所示。

图 3-59　选择【分布】命令

各种分布方式的作用如下。

▽ 顶边：从每个图层的顶端像素开始，间隔均匀地分布图层。

▽ 垂直居中：从每个图层的垂直中心像素开始，间隔均匀地分布图层。

▽ 底边：从每个图层的底端像素开始，间隔均匀地分布图层。

▽ 左边：从每个图层的左端像素开始，间隔均匀地分布图层。

▽ 水平居中：从每个图层的水平中心开始，间隔均匀地分布图层。

▽ 右边：从每个图层的右端像素开始，间隔均匀地分布图层。

另外，选择【移动工具】 后，在工具属性栏的【分布】按钮组 中使用相应的分布按钮也可实现分布图层操作，从左至右分别为按顶分布、垂直居中分布、按底分布、按左分布、水平居中分布和按右分布。例如，对如图 3-60 所示的 3 个图层进行水平居中分布后，效果如图 3-61 所示。

图 3-60　原图层效果　　　　　　　　　图 3-61　水平居中分布效果

3.3.6　调整图层顺序

当图像中含有多个图层时，默认情况下，Photoshop 会按照一定的先后顺序排列图层。用户可以通过调整图层的排列顺序，创造出不同的图像效果。

【练习 3-9】改变图层所在位置。

(1) 选择【文件】|【打开】命令，打开【你好春天.psd】素材文件，【图层】面板如图 3-62 所示。

(2) 选择【图层 1】，再选择【图层】|【排列】命令，在打开的子菜单中可以选择不同的顺序，如图 3-63 所示，用户可以根据需要选择相应的排列顺序。

(3) 选择【置为顶层】命令，即可将【图层 1】图层调整到【图层】面板的顶部，如图 3-64 所示。

计算机基础与实训教材系列

图 3-62 【图层】面板

图 3-63 排列子菜单

图 3-64 置为顶层

(4) 选择【后移一层】命令，可以将【图层 1】图层移动到文字图层的下方，如图 3-65 所示。

(5) 用户还可以在【图层】面板中直接移动图层来调整其顺序。在【图层】面板中选择如图 3-66 所示的【图层 2】图层并按住鼠标左键向上拖动，可以直接将其向上移动，效果如图 3-67 所示。

图 3-65 后移一层

图 3-66 拖动图层

图 3-67 调整后的图层

3.3.7 通过剪贴的图层

剪贴蒙版可以使用某个图层的内容来遮盖其上方的图层。遮盖效果由底部图层或基底图层的内容决定。基底图层的非透明内容将在剪贴蒙版中显示它上方的图层的内容。剪贴图层中的所有其他内容将被遮盖掉。

用户可以在剪贴蒙版中使用多个图层，但它们必须是连续的图层。蒙版中的基底图层名称带下画线，上层图层的缩览图是缩进的，叠加图层将显示一个剪贴蒙版图标。

【练习 3-10】制作剪贴图层效果。

(1) 打开【竹子.psd】素材文件，如图 3-68 所示，在【图层】面板中可以看到分别有【背景图层】和【图层 1】，如图 3-69 所示。

图 3-68　素材图像

图 3-69　【图层】面板

(2) 选择【背景】图层，然后选择工具箱中的【自定形状工具】 　，在属性栏中选择工具模式为【形状】，再选择桑树 1 形状，在图像中绘制一个桑树图形，如图 3-70 所示，这时【图层】面板中将自动增加一个形状图层，如图 3-71 所示。

图 3-70　绘制形状

图 3-71　形状图层

(3) 选择【图层 1】，然后选择【图层】|【创建剪贴蒙版】命令，即可得到剪贴蒙版的效果，如图 3-72 所示，这时【图层】面板的图层 1 变成剪贴图层，如图 3-73 所示。

图 3-72　剪贴蒙版效果

图 3-73　剪贴图层

提示

按住 Alt 键在【图层】面板中要过滤的两个图层之间单击，也可以创建剪贴图层效果。

3.3.8　自动混合图层

在 Photoshop 中有一个【自动混合图层】命令，通过它可以自动对比图层，将不需要的部分抹掉，并且可以自动将混合的部分进行平滑处理，而不需要用户再对其进行复杂的选取和处理。

【练习 3-11】制作混合图像效果。

(1) 打开两张需要混合的素材图像【酒杯.jpg】和【火焰.jpg】，分别如图 3-74 和 3-75 所示，然后使用【移动工具】 将【酒杯.jpg】中的图像拖动到【火焰.jpg】图像中。

图 3-74　素材 1

图 3-75　素材 2

(2) 选择文件中的两个图层，如图 3-76 所示，然后选择【编辑】|【自动混合图层】命令，打开【自动混合图层】对话框，如图 3-77 所示。

图 3-76　选择图层

图 3-77　【自动混合图层】对话框

(3) 选择【堆叠图像】选项，然后单击【确定】按钮，即可得到自动混合的图像效果，如图 3-78 所示，这时在【图层】面板中图层 1 所隐藏的图像将以蒙版图层显示，如图 3-79 所示。

图 3-78　混合图层效果

图 3-79　图层蒙版

提示

　　使用【自动混合图层】命令还可以自动拼合全景图，通过几张图像的自动蒙版重叠效果，可以隐藏部分图像。

3.4　管理图层

　　图层组用于管理和编辑图层，可以将图层组理解为一个装有图层的容器，无论图层是否在图层组内，对图层所做的编辑都不会受到影响。

3.4.1　创建图层组

　　使用图层组除了方便管理归类外，用户还可以选择该图层组，同时移动或删除该组中的所有图层。创建图层组主要有如下几种方法。

　　▽　选择【图层】|【新建】|【组】命令。

　　▽　单击【图层】面板右上角的菜单按钮 ，在弹出的快捷菜单中选择【新建组】命令。

　　▽　按住 Alt 键的同时单击【图层】面板底部的【创建新组】按钮 。

　　使用上述方法创建图层组时，将打开如图 3-80 所示的【新建组】对话框，在其中进行设置后单击【确定】按钮即可建立图层组，如图 3-81 所示。

图 3-80　【新建组】对话框

图 3-81　新建的图层组

如果直接单击【图层】面板中的【创建组】按钮 ，在创建图层组时不会打开【新建组】对话框，创建的图层组将保持系统的默认设置，创建的图层组名依次为组1、组2等。

3.4.2 编辑图层组

图层组的编辑主要包括增加或移除图层组内的图层，以及对图层组的删除操作。

1. 增加或移除组内的图层

在【图层】面板中选择要添加到图层组中的图层，按住鼠标左键并拖至图层组上，当图层组周围出现黑色实线框时释放鼠标，即可完成向图层组内添加图层的操作；如果要将图层组内的某个图层移动到图层组外，只需将该图层拖放至图层组外后释放鼠标即可。

2. 删除图层组

删除图层组的方法与删除图层的操作方法相同，只需在【图层】面板中拖动要删除的图层组到【删除图层】按钮 上，如图 3-82 所示；或单击【删除图层】按钮 ，可以直接删除该图层组，如图 3-83 所示。

如果在提示对话框中单击【仅组】按钮，则只删除图层组，并不删除图层组内的图层；如果单击【组和内容】按钮，不仅会删除图层组，还会删除组内的所有图层。

图 3-82 拖动图层组到删除按钮上

图 3-83 删除图层组

3.5 实例演练

本节综合应用所学的 Photoshop 图层的基本操作，包括图层的常用操作、对图层进行编辑和管理图层等，练习制作水中舞蹈和鲜花店广告效果。

3.5.1 制作水中芭蕾舞蹈

本实例制作的是一个水中的芭蕾舞蹈，首先对背景颜色进行调整，然后分别添加素材图像，在【图层】面板中对图层进行重命名、排序等操作，实例效果如图 3-84 所示。

图 3-84　图像效果

本实例的具体操作步骤如下。

(1) 打开素材图像【海洋背景.jpg】，如图 3-85 所示。

(2) 选择【图层】|【新建调整图层】|【色阶】命令，在打开的对话框中保持默认设置，单击【确定】按钮，进入【属性】面板，单击【在图像中取样以设置黑场】按钮，如图 3-86 所示。

图 3-85　打开素材图像

单击

图 3-86　【属性】面板

(3) 在图像中单击右上方的天空图像，得到整体图像的加深效果，如图 3-87 所示。

(4) 打开素材图像【水圈.psd】，使用【移动工具】将其拖动到当前编辑的图像中，效果如图 3-88 所示。

图 3-87　图像效果

图 3-88　添加素材图像

(5) 这时【图层】面板中将自动生成【水圈】图层，如图 3-89 所示。

(6) 打开【水花.psd】素材图像，使用【移动工具】分别将多个水花图像拖动到当前编辑的图像中，放到画面下方，如图 3-90 所示。

图 3-89　【图层】面板

图 3-90　添加素材图像

(7) 这时【图层】面板中将生成多个图层，如图 3-91 所示。

(8) 打开素材图像【脚底水花.psd】，使用【移动工具】 将其拖动到当前编辑的图像中，放到水圈图像的底部，如图 3-92 所示。

图 3-91　增加的图层

图 3-92　添加素材图像

(9) 这时【图层】面板中将生成【图层 5】和【图层 6】，如图 3-93 所示。

(10) 选择【图层 5】，在【图层】面板中双击该文字，即可修改图层名称，这里将其修改为【水花】，如图 3-94 所示。

图 3-93　增加的图层

图 3-94　修改图层名称

(11) 将【图层 6】修改为【上层水滴】，然后打开素材图像【美女.psd】，使用【移动工具】

将其拖动到当前编辑的图像中，放到水圈图像中间，如图 3-95 所示。

(12) 在【图层】面板中选择【人物】图层，然后按住鼠标向下拖动该图层，将其放到【水花】图层的下方，如图 3-96 所示，至此完成本实例的制作。

图 3-95　添加素材图像　　　　　　　　图 3-96　调整图层顺序

3.5.2　花坊促销广告

本实例将制作一个鲜花店的促销广告，效果如图 3-97 所示。练习对图层的基本操作，在制作过程中，可以对多个鲜花图像所在的图层进行编组，以便进行管理。

图 3-97　实例效果

本实例的具体操作步骤如下。

(1) 新建一个图像文件，打开素材图像【各种鲜花.psd】，可以看到图像中有多个鲜花图像，如图 3-98 所示。

(2) 使用【移动工具】 将鲜花图像分别拖动到新建的图像中，放置到画面边缘，如图 3-99 所示。

图 3-98　打开素材图像　　　　　　　　图 3-99　添加素材图像

(3) 复制多个花朵图像，分别调整图像大小，置于画面四周，使边缘布满花朵，如图 3-100 所示。

(4) 这时，可以看到在【图层】面板中有多个花朵图层，然后将其用数字 1、2、3、…进行排列，如图 3-101 所示。

图 3-100　排列素材图像

图 3-101　排列图层

(5) 按住 Ctrl 键选择所有花朵图像所在图层，选择【图层】|【图层编组】命令，将图层编为一组，得到【组 1】，如图 3-102 所示。

(6) 在【图层】面板中双击【组 1】文字，重新将其命名为【鲜花】，如图 3-103 所示。

图 3-102　得到图层组

图 3-103　重命名图层组

(7) 选择【图层】|【新建调整图层】|【照片滤镜】命令，打开【属性】面板，选择滤镜为【冷却滤镜】，设置【密度】为 18%，如图 3-104 所示。

(8) 这时将得到一个调整图层，如图 3-105 所示，图像效果如图 3-106 所示。

图 3-104　【属性】面板

图 3-105　得到调整图层

图 3-106　图像效果

(9) 选择【横排文字工具】 **T.**,在画面中间输入文字【宠爱节】,在属性栏中设置字体为时尚中黑简体,填充为洋红色(R198,G50,B92),如图 3-107 所示。

(10) 选择【图层】|【图层样式】|【斜面和浮雕】命令,打开【图层样式】对话框,设置样式为【内斜面】,再设置其他参数,如图 3-108 所示。

图 3-107 输入文字

图 3-108 设置斜面和浮雕样式

(11) 继续选择【图层样式】对话框左侧的【投影】选项,设置投影颜色为深红色(R61,G20,B41),再设置其他参数,如图 3-109 所示。

(12) 单击【确定】按钮,得到添加图层样式后的文字效果,如图 3-110 所示。

图 3-109 设置投影样式

图 3-110 图像效果

(13) 在文字左上方再输入数字 5.20,在属性栏中设置合适的字体和字号,填充为洋红色,再对其应用与中文文字相同的图层样式,效果如图 3-111 所示。

(14) 新建一个图层,使用【矩形选框工具】 在中文文字下方绘制一个矩形选区,填充为洋红色(R204,G61,B114),并在其中输入文字,填充为白色,如图 3-112 所示。

图 3-111 输入数字

图 3-112 绘制矩形并输入文字

(15) 在周围输入广告文字和地址、电话等信息，参照如图 3-113 所示的样式进行排列。

(16) 打开【气球和人.psd】素材图像，使用【移动工具】 ➕ 分别将它们拖动到当前编辑的图像中，将气球图像放到画面左侧，将人物图像放到画面的右侧，如图 3-114 所示。

图 3-113　输入其他文字　　　　　　　　　　　图 3-114　添加素材图像

(17) 新建一个图层，使用【多边形套索工具】 ▷ 在图像中绘制一个倾斜的四边形选区，如图 3-115 所示。

(18) 使用【渐变工具】 ▢ 对选区进行白色到透明的线性渐变填充，得到较为透明的图像效果，如图 3-116 所示。

图 3-115　绘制四边形选区　　　　　　　　　　图 3-116　填充选区

(19) 设置该图层的不透明度为 45%，得到更为透明的图像，然后复制两次该透明矩形，分别放到左侧，至此完成本实例的制作。

3.6 习题

一、填空题

1. 如果要选择某个图层，只需在【图层】面板中_____要选择的图层即可。
2. 单击【图层】面板底部的_____按钮，可以快速创建具有默认名称的新图层。
3. 在默认情况下，_____是锁定的，不能进行移动和变换操作。

二、选择题

1. 选择第一个图层后，按住(　　)键的同时单击另一个图层，可以选择两个图层(包含这两个图层)之间的所有图层。

计算机基础与实训教材系列

A. Alt   B. Shift
C. Ctrl   D. Ctrl+ Alt

2. 按住(   )键，单击某一图层前面的眼睛图标 ，可以隐藏除该图层以外的其他所有图层。

A. Ctrl   B. Alt
C. Ctrl+ Shift   D. Shift

三、操作题

打开【草原.jpg】和【舞蹈者.jpg】素材图像，制作合成图像效果，练习创建选区、新建和复制图层等操作，效果如图 3-117 所示。

图 3-117　合成图像

第4章

填充与调整图像色彩

本章将学习图像色彩的调整和编辑。Photoshop 具有强大的调整图像颜色功能，可以调整图像的亮度、对比度、色彩平衡、图像饱和度等。除此之外，还可以调整曝光不足的照片、偏色的图像，以及制作一些特殊图像色彩等。

本章重点

- Photoshop 颜色工具
- 快速调整色彩色调
- 校正图像的色彩色调

- 填充颜色
- 精细调整色彩色调
- 调整图像的特殊颜色

二维码教学视频

【练习 4-1】保存颜色

【练习 4-3】使用【油漆桶工具】填充图像颜色

【练习 4-5】调整图像的亮度和对比度

【实例演练】为卡通图填充颜色

【练习 4-2】填充图像的背景颜色

【练习 4-4】在图像中进行渐变填充

【练习 4-6】通过色阶调整图像的明暗度

【实例演练】调整照片的曝光度

4.1 Photoshop 颜色工具

当用户在处理图像时，如果要对图像或图像区域进行颜色填充或描边，就需要对当前的颜色进行设置。

4.1.1 认识前景色与背景色

在 Photoshop 中，前景色用于显示当前绘图工具的颜色，背景色用于显示图像的底色。前景色与背景色位于工具箱下方，如图 4-1 所示。单击前景色或背景色，可以打开【拾色器】对话框，在其中可以设置前景色或背景色，如图 4-2 所示是前景色的【拾色器】对话框。

图 4-1 前景色和背景色

图 4-2 【拾色器(前景色)】对话框

▽ 单击前景色与背景色工具右上方的 ↰ 图标，可以进行前景色和背景色之间的切换。
▽ 单击左下方的 ▣ 图标，可以将前景色和背景色分别设置成系统默认的黑色和白色。

4.1.2 【颜色】面板组

在 Photoshop 2020 中，颜色面板组包含了 4 个面板，分别是【颜色】面板、【色板】面板、【渐变】面板和【图案】面板，用户可以通过多种方法来调配颜色，以提高编辑和操作的速度。

选择【窗口】|【颜色】命令，打开【颜色】面板，面板左上方的色块分别代表前景色与背景色，如图 4-3 所示。选择其中一个色块，分别拖动 R、G、B 中的滑块即可调整颜色，调整后的颜色将应用到前景色框或背景色框中，用户也可直接在颜色面板下方的颜色样本框中单击鼠标，以获取需要的颜色。

选择【窗口】|【色板】命令，打开【色板】面板，最顶部的色块为已使用过的颜色，下面的列表分别集合了多种颜色组合，如图 4-4 所示。单击任意一个颜色块将其设置为前景色，按住 Alt 键的同时单击其中的颜色块，则可将其设置为背景色。

计算机基础与实训教材系列

图 4-3　【颜色】面板

图 4-4　【色板】面板

选择【窗口】|【渐变】命令，打开【渐变】面板，与【色板】面板一样，最顶部的色块显示为已使用过的颜色，下面的列表分别集合了多种渐变色和图案组合，如图 4-5 所示。在【渐变】面板中单击任意一个颜色块，即可得到预设的渐变颜色；选择【窗口】|【图案】命令，打开【图案】面板，在【图案】面板中单击任意一种图案，即可得到预设的图案样式，如图 4-6 所示。

图 4-5　【渐变】面板

图 4-6　【图案】面板

4.1.3　吸管工具

【吸管工具】 主要通过吸取图像或面板中的颜色，以作为前景色或背景色，在使用该工具前应有打开或新建的图像文件。

在工具箱中单击【吸管工具】 ，其属性栏设置如图 4-7 所示。将光标移动到图像窗口中，单击所需要的颜色，如图 4-8 所示，吸取的颜色将作为前景色；选择【吸管工具】 ，然后按住 Alt 键在图像中单击，吸取的颜色将作为背景色。

图 4-7　【吸管工具】属性栏

图 4-8　吸取颜色

▽ 取样大小：在其下拉列表中可设置采样区域的像素大小，采样时取其平均值。
▽ 样本：可设置采样的图像为当前图层还是所有图层。

4.1.4　存储颜色

在 Photoshop 中，用户可以将自定义的颜色存储在【色板】面板中，方便以后直接调用。

【练习 4-1】保存颜色。

(1) 在前景色中设置好需要保存的颜色后，选择【窗口】|【色板】命令，打开【色板】面板，单击面板底部的【创建新色板】按钮 ⊡ ，如图 4-9 所示。

(2) 将打开【色板名称】对话框，输入存储颜色的名称后，单击【确定】按钮，完成对颜色的存储，如图 4-10 所示。存储的颜色将显示在【色板】面板最底端，如图 4-11 所示。

图 4-9　单击按钮　　　　图 4-10　设置色板名称　　　　图 4-11　新建的颜色

4.2　填充颜色

用户在填充图像前首先需要设置好所需的颜色，在进行填充操作时，就可以将颜色填充到指定的区域中。

4.2.1　使用命令填充颜色

在【编辑】菜单中选择【填充】命令不仅可以填充单一的颜色，还可以进行图案填充。

【练习 4-2】填充图像的背景颜色。

(1) 打开【蝴蝶.jpg】素材图像，在工具箱中选择【魔棒工具】 ，在属性栏中设置【容差】值为 20，然后单击灰色背景获取选区，如图 4-12 所示。

(2) 选择【编辑】|【填充】命令，打开【填充】对话框，单击【内容】右侧的三角形按钮，在弹出的下拉列表中选择【图案】选项，如图 4-13 所示。

图 4-12　选择背景图像

图 4-13　选择填充选项

(3) 单击【自定图案】三角形按钮，在弹出的下拉面板中选择一种图案，如图 4-14 所示。

(4) 单击【确定】按钮，即可将选择的图案填充到背景选区中，效果如图 4-15 所示。

图 4-14　设置图案

图 4-15　填充图案

提示

在【颜色】面板组中选择【图案】面板，在展开的选项中可以快速选择合适的图案样式。

(5) 再次打开【填充】对话框，在【内容】下拉列表中选择【颜色】选项，将打开【拾色器(填充颜色)】对话框，选择颜色后单击【确定】按钮，如图 4-16 所示，即可将选择的颜色填充到选区中，效果如图 4-17 所示。

图 4-16　选择颜色

图 4-17　填充颜色

提示

填充图像颜色时，可以通过按 Alt + Delete 组合键填充前景色；按 Ctrl + Delete 组合键填充背景色。

4.2.2 使用工具填充颜色

【油漆桶工具】 与【填充】命令的作用相似，可以对图像进行前景色或图案填充。单击【油漆桶工具】 ，其属性栏的设置如图 4-18 所示。

图 4-18 【油漆桶工具】属性栏

【油漆桶工具】属性栏中各选项的作用如下。

▽ 前景/图案：在该下拉列表框中可以设置填充的对象是前景色或图案。

▽ 模式：用于设置填充图像颜色时的混合模式。

▽ 容差：用于设置填充内容的范围。

▽ 消除锯齿：用于设置是否消除填充边缘的锯齿。

▽ 连续的：用于设置填充的范围，选中此复选框时，只填充相邻的区域；取消选中此复选框，则不相邻的区域也被填充。

▽ 所有图层：选中该复选框，【油漆桶工具】将对图像中的所有图层起作用。

【练习 4-3】使用【油漆桶工具】填充图像颜色。

(1) 打开【彩色背景.jpg】素材图像，然后使用【矩形选框工具】 在图像中绘制一个矩形选区，如图 4-19 所示。

(2) 新建一个图层，设置前景色为橘黄色，在工具箱中选择【油漆桶工具】 ，在属性栏中设置填充色为【前景】，在选区中单击鼠标，即可在选区内填充前景色，如图 4-20 所示。

图 4-19 绘制选区

图 4-20 填充颜色

(3) 使用【椭圆选框工具】 在矩形图像内绘制一个圆形选区，如图 4-21 所示。

(4) 选择【油漆桶工具】 ，在属性栏中改变填充方式为图案，然后单击右侧的三角形按钮，在弹出的面板中选择一种图案样式，如图 4-22 所示。

图 4-21　绘制选区

图 4-22　选择图案

(5) 选择好图案后，将光标移动到圆形选区中单击，即可在圆形选区中填充选择的图案，效果如图 4-23 所示。

(6) 取消选区，在【油漆桶工具】属性栏中选择【水-池】图案，然后在黄色矩形中单击，改变其填充效果，如图 4-24 所示。

图 4-23　填充图案

图 4-24　填充图案

4.2.3　填充渐变色

【渐变工具】用于填充图像，并且可以创建多种颜色混合的渐变效果。用户可以直接选择 Photoshop 中预设的渐变颜色，也可以自定义渐变色。在【油漆桶工具】下拉选项中选择【渐变工具】后，其工具属性栏如图 4-25 所示。

图 4-25　【渐变工具】属性栏

【渐变工具】属性栏中主要选项的作用如下。

▽ ：单击其右侧的三角形按钮将打开渐变工具面板，其中提供了 15 种颜色渐变模式供用户选择，单击面板右侧的 按钮，在弹出的下拉菜单中可以选择其他渐变色。

▽ 渐变类型：其中的 5 个按钮分别代表 5 种渐变方式，分别是线性渐变、径向渐变、角度渐变、对称渐变和菱形渐变，应用效果如图 4-26 所示。

(a) 线性渐变　　(b) 径向渐变　　(c) 角度渐变　　(d) 对称渐变　　(e) 菱形渐变

图 4-26　5 种渐变的不同效果

▽　反向：选中此复选框后，产生的渐变颜色将与设置的渐变顺序相反。

【练习 4-4】在图像中进行渐变填充。

(1) 打开【蝴蝶.jpg】素材图像，使用【魔棒工具】▧单击灰色背景图像，获取背景图像选区。选择工具箱中的【渐变工具】▧，在工具属性栏中单击【线性渐变】按钮▧，然后单击▧打开【渐变编辑器】对话框，如图 4-27 所示。

(2) 在预设中可以选择各种渐变颜色组，选择渐变效果编辑条左边下方的色标，双击色标打开【拾色器(色标颜色)】对话框，设置颜色值为(R10,G206,B255)，然后单击【确定】按钮，如图 4-28 所示。

图 4-27　【渐变编辑器】对话框

图 4-28　设置颜色

(3) 使用同样的方法设置右边色标的颜色为淡黄色(R216,G249,B255)，然后单击【确定】按钮回到【渐变编辑器】对话框，得到的效果如图 4-29 所示。

(4) 在渐变编辑条下方单击鼠标，可以添加一个色标，将该色标颜色设置为粉色(R255,G151,B242)，然后在【位置】文本框中输入色标的位置为 40%，如图 4-30 所示。

图 4-29　设置右边色标的颜色

图 4-30　新增并设置色标

(5) 单击【确定】按钮完成渐变色的设置，按住鼠标左键在图像窗口左上角向右下角拖动，如图 4-31 所示，完成图像的渐变色填充，效果如图 4-32 所示。

图 4-31　设置渐变色填充方向

图 4-32　渐变色填充效果

4.3　快速调整色彩色调

在 Photoshop 中，有些命令可以快速调整图像的整体色彩，主要包括【自动色调】【自动对比度】和【自动颜色】3 个命令。

4.3.1　自动色调

当图像总体出现偏色时，可以使用【自动色调】命令自动调整图像中的高光和暗调，使图像具有较好的层次效果。

【自动色调】命令将每个颜色通道中的最亮和最暗像素定义为白色和黑色，然后按比例重新分布中间像素值。默认情况下，【自动色调】命令会剪切白色和黑色像素的 0.5％，来忽略一些极端的像素。

打开一幅需要调整的照片，如图 4-33 所示，这张风景图像有明显的色偏问题。选择【图像】|【自动色调】命令，系统将自动调整图像的明暗度，去除图像中不正常的高亮区和黑暗区，效果如图 4-34 所示。

图 4-33　原图

图 4-34　自动色调效果

4.3.2　自动对比度

【自动对比度】命令不仅能自动调整图像色彩的对比度，还能调整图像的明暗度。该命令是通过剪切图像中的阴影和高光值，并将图像剩余部分的最亮和最暗像素映射到色阶为 255(纯白)和色阶为 0(纯黑)的程度，让图像中的高光看上去更亮，阴影看上去更暗。如对图 4-33 的图片使用【自动对比度】命令，即可得到如图 4-35 所示的效果。

4.3.3 自动颜色

【自动颜色】命令是通过搜索图像来调整图像的对比度和颜色。与【自动色调】和【自动对比度】相同，使用【自动颜色】命令后，系统会自动调整图像颜色。对图 4-33 的图片使用【自动颜色】命令，即可得到如图 4-36 所示的效果。

图 4-35　自动对比度效果　　　　　　图 4-36　自动颜色效果

4.4　精细调整色彩色调

在图像处理过程中很多时候需要进行色调调整。色调是指一幅图像的整体色彩感觉以及明暗程度，当用户在一幅效果图中添加另一个图像时，则需要将两幅图像的色调调整一致。通过对图像色调的调整可以提高图像的清晰度。

4.4.1 亮度/对比度

使用【亮度/对比度】命令能整体调整图像的亮度/对比度，从而实现对图像色调的调整。

【练习 4-5】调整图像的亮度和对比度。

(1) 打开【字母.jpg】素材图像，如图 4-37 所示。

(2) 选择【图像】|【调整】|【亮度/对比度】命令，打开【亮度/对比度】对话框，设置【亮度】为 55、【对比度】为 12，如图 4-38 所示。单击【确定】按钮，得到如图 4-39 所示的效果。

图 4-37　打开素材　　　　　图 4-38　设置亮度/对比度　　　　　图 4-39　调整后的效果

4.4.2　色阶

【色阶】命令主要用来调整图像中颜色的明暗度，能对图像的阴影、中间调和高光的强度进行调整。该命令不仅可以对整个图像进行操作，还可以对图像的某一选取范围、某一图层图像，或者某一个颜色通道进行操作。

【练习 4-6】通过色阶调整图像的明暗度。

(1) 打开【火焰.jpg】作为需要调整色阶明暗度的图像文件，如图 4-40 所示。

(2) 选择【图像】|【调整】|【色阶】命令，打开【色阶】对话框，如图 4-41 所示，选择直方图下方中间的三角形滑块，向左拖动；再选择直方图下方右侧的三角形滑块向左拖动。

图 4-40　素材图像

图 4-41　调整输入色阶

【色阶】对话框中主要选项的作用如下。

▽　【通道】下拉列表框：用于设置要调整的颜色通道。它包括图像的色彩模式和原色通道，用于选择需要调整的颜色通道。

▽　【输入色阶】文本框：从左至右分别用于设置图像的暗部色调、中间色调和亮部色调，可以在文本框中直接输入相应的数值，也可以拖动色调直方图底部滑动条上的 3 个滑块来进行调整。

▽　【输出色阶】文本框：用于调整图像的亮度和对比度，范围为 0~255；右边的编辑框用来降低亮部的亮度，范围为 0~255。

▽　【自动】按钮：单击该按钮可自动调整图像中的整体色调。

(3) 选择【输出色阶】左下方的三角形滑块，向左拖动即可调整图像暗部色调，如图 4-42 所示。单击【确定】按钮，调整色阶后的图像效果如图 4-43 所示。

图 4-42　调整输出色阶

图 4-43　图像效果

> **提示**
>
> 按 Ctrl+L 组合键，可以快速打开【色阶】对话框。在【色阶】对话框中的【输入色阶】或【输出色阶】文本框中直接输入色阶值，可以精确地设置图像的色阶参数。

4.4.3 调整曲线

【曲线】命令在图像色彩的调整中使用非常广，它可以对图像的色彩、亮度和对比度进行综合调整，并且在从暗调到高光色调范围内，可以对多个不同的点进行调整。

选择【图像】|【调整】|【曲线】命令，将打开【曲线】对话框，如图 4-44 所示，该对话框中包含了一个色调曲线图，其中曲线的水平轴代表图像原来的亮度值，即输入值；垂直轴代表调整后的亮度值，即输出值。

图 4-44　【曲线】对话框

【曲线】对话框中主要选项的作用如下。

▽ 通道：用于显示当前图像文件的色彩模式，并可从中选取单色通道对单一的色彩进行调整。

▽ 输入：用于显示原来图像的亮度值，与色调曲线的水平轴相同。

▽ 输出：用于显示图像处理后的亮度值，与色调曲线的垂直轴相同。

▽ 编辑点以修改曲线：是系统默认的曲线工具，用来在图表中各处制造节点而产生色调曲线。

▽ 通过绘制来修改曲线：用于在图表上绘制出需要的色调曲线。单击该按钮，当光标变成画笔后，可用画笔徒手绘制色调曲线。

【练习 4-7】通过曲线调整图像色调。

(1) 打开【铁塔.jpg】作为需要调整色调的图像文件，如图 4-45 所示。

(2) 选择【图像】|【调整】|【曲线】命令，打开【曲线】对话框，在曲线上方的【高光调】处单击鼠标，创建一个节点，然后按住鼠标将其向上拖动，如图 4-46 所示。

图 4-45　素材文件

图 4-46　调整曲线

(3) 在曲线的【中间调】与【暗调】之间单击鼠标，创建一个节点，然后将其向下方进行拖动，如图 4-47 所示。

(4) 完成曲线的调整后，单击【确定】按钮，得到调整后的图像效果如图 4-48 所示。

图 4-47　调整曲线

图 4-48　调整后的图像

提示

按 Ctrl+M 组合键，可以快速打开【曲线】对话框。

4.4.4　色彩平衡

使用【色彩平衡】命令可以增加或减少图像中的颜色，从而调整整体图像的色彩平衡。运用该命令来调整图像中出现的偏色情况，具有很好的效果。选择【图像】|【调整】|【色彩平衡】命令，打开【色彩平衡】对话框，如图 4-49 所示。

图 4-49　【色彩平衡】对话框

【色彩平衡】对话框中主要选项的作用如下。

▽ 色彩平衡：用于在【阴影】【中间调】或【高光】中添加过渡色以平衡色彩效果，也可直接在色阶框中输入相应的值来调整颜色均衡。

▽ 色调平衡：用于选择用户需要着重进行调整的色彩范围。

▽ 保持亮度：选中该复选框，在调整图像色彩时可以使图像亮度保持不变。

【练习4-8】调整图像的色彩。

(1) 打开【小孩.jpg】作为需要调整色彩的图像文件，如图4-50所示。

(2) 选择【图像】|【调整】|【色彩平衡】命令，打开【色彩平衡】对话框，单击青色和红色之间的三角形滑块，将其向红色方向拖动，然后分别按住第二排的三角形滑块，添加洋红色，如图4-51所示。

(3) 单击【确定】按钮返回到画面中，得到调整颜色后的图像效果，如图4-52所示。

图4-50　素材图像

图4-51　调整图像色彩

图4-52　调整后的图像

提示

按Ctrl+B组合键，可以快速打开【色彩平衡】对话框。

4.4.5　曝光度

【曝光度】命令主要用于调整HDR图像的色调，也可用于8位和16位图像。【曝光度】是通过在线性颜色空间(灰度系数1.0)而不是当前颜色空间执行计算而得出的。

打开一幅需要调整曝光度的图像文件，如图4-53所示。选择【图像】|【调整】|【曝光度】命令，打开【曝光度】对话框，分别调整【曝光度】【位移】和【灰度系数校正】参数为1.2、−0.003、1，单击【确定】按钮，得到调整后的图像效果如图4-54所示。

【曝光度】对话框中主要选项的作用如下

▽ 预设：该下拉列表框中有Photoshop默认的几种设置，可以进行简单的图像调整。

▽ 曝光度：用于调整色调范围的高光端，对极限阴影的影响很轻微。

▽ 位移：用于调整阴影和中间调，对高光的影响很轻微。

▽ 灰度系数校正：使用简单的乘方函数调整图像灰度系数。处于负值时会被视为它们的相应正值，也就是说，虽然这些值为负，但仍然会像正值一样被调整。

图 4-53　打开图像

图 4-54　调整图像的曝光度

4.5　校正图像的色彩色调

对于图形设计者而言，校正图像的色彩非常重要。在 Photoshop 中，设计者不仅可以运用【调整】菜单对图像的色调进行调整，还可以对图像的色彩进行有效的校正。

4.5.1　自然饱和度

【自然饱和度】能精细地调整图像的饱和度，以便在颜色接近最大饱和度时最大限度地减少颜色的流失。使用【自然饱和度】命令在调整人物图像时还可防止肤色过度饱和。

【练习 4-9】增加图像的饱和度。

(1) 打开【飞舞的蝴蝶.jpg】作为需要调整饱和度的图像文件，如图 4-55 所示。

(2) 选择【图像】|【调整】|【自然饱和度】命令，打开【自然饱和度】对话框，分别将【自然饱和度】和【饱和度】下面的三角形滑块向右拖动，以增加图像的饱和度，如图 4-56 所示。

(3) 调整图像饱和度到合适的值后，单击【确定】按钮完成操作，得到如图 4-57 所示的效果。

图 4-55　素材图像　　　　图 4-56　调整图像的饱和度　　　　图 4-57　调整后的效果

4.5.2　色相/饱和度

使用【色相/饱和度】命令可以调整图像中单个颜色成分的色相、饱和度和明度，从而实现图像色彩的改变。还可以通过给像素指定新的色相和饱和度，为灰度图像添加颜色。

【练习 4-10】调整图像颜色。

(1) 打开【飞舞的蝴蝶.jpg】作为需要调整颜色的图像文件。

(2) 选择【图像】|【调整】|【色相/饱和度】命令，打开【色相/饱和度】对话框，分别调整色相为-122、饱和度为 50、明度为 0，如图 4-58 所示。

(3) 完成后单击【确定】按钮返回到图像中，得到的效果如图 4-59 所示。

图 4-58　调整参数　　　　　　　　　　　　　　　图 4-59　图像效果

【色相/饱和度】对话框中主要选项的作用如下。

▽　全图：用于选择作用范围。如选择【全图】选项，则将对图像中所有颜色的像素起作用，其余选项表示对某一颜色成分的像素起作用。

▽　色相/饱和度/明度：调整所选颜色的色相、饱和度或明度。

▽　着色：选中该复选框，可以将图像调整为灰色或单色的效果。

4.5.3　匹配颜色

使用【匹配颜色】命令可以使另一个图像的颜色与当前图像中的颜色进行混合，从而达到改变当前图像色彩的目的。它还允许用户通过更改图像的亮度、色彩范围来调整图像中的颜色。

【练习 4-11】混合图像颜色。

(1) 打开【桥.jpg】和【睡觉的孩子.jpg】作为需要混合图像颜色的图像文件，如图 4-60 和图 4-61 所示。

图 4-60　桥图像　　　　　　　　　　　　　　　图 4-61　睡觉的孩子图像

(2) 选择【桥.jpg】文件作为当前文件。选择【图像】|【调整】|【匹配颜色】命令，打开【匹配颜色】对话框，【目标图像】选项栏会自动选择【桥.jpg】素材图像，然后在【源】下拉

列表框中选择【睡觉的孩子.jpg】素材图像，再调整图像的明亮度、颜色强度和渐隐参数，如图 4-62 所示。

(3) 完成参数的设置后，单击【确定】按钮，对图像进行匹配颜色后的效果如图 4-63 所示。

图 4-62　调整匹配颜色

图 4-63　图像效果

【匹配颜色】对话框中主要选项的作用如下。

▽　目标图像：用于显示当前图像文件的名称。

▽　图像选项：用于调整匹配颜色时的明亮度、颜色强度和渐隐效果。

▽　图像统计：用于选择匹配颜色时图像的来源或所在的图层。

🔖 **提示**

需要注意的是：在使用【匹配颜色】命令时，图像文件的色彩模式必须是 RGB 模式，否则该命令将不能使用。

4.5.4　替换颜色

使用【替换颜色】命令可以调整图像中选取的特定颜色区域的色相、饱和度和明度值，将指定的颜色替换掉。

【练习 4-12】替换图像中的颜色。

(1) 打开【圣诞球.jpg】作为需要替换颜色的图像文件，如图 4-64 所示。

(2) 选择【图像】|【调整】|【替换颜色】命令，打开【替换颜色】对话框，使用【吸管工具】在图像中单击红色圆球图像，然后设置【颜色容差】为 158，再设置替换颜色的色相、饱和度和明度，如图 4-65 所示。

(3) 设置好各参数后，单击【确定】按钮，得到替换颜色后的效果，如图 4-66 所示。

图 4-64　素材图像　　　　图 4-65　【替换颜色】对话框　　　图 4-66　替换颜色后的图像

4.5.5　可选颜色

使用【可选颜色】命令可以对图像中的某种颜色进行调整，修改图像中某种颜色的数量而不影响其他颜色。

【练习 4-13】调整指定的颜色。

(1) 打开【花朵.jpg】作为需要调整颜色的图像文件，如图 4-67 所示。

(2) 选择【图像】|【调整】|【可选颜色】命令，打开【可选颜色】对话框，在【颜色】下拉列表框中选择【黄色】作为需要调整的颜色，然后设置其参数，如图 4-68 所示。

图 4-67　打开素材图像　　　　　　　　　图 4-68　【可选颜色】对话框

(3) 在【颜色】下拉列表框中选择【绿色】作为需要调整的另一种颜色，然后调整其参数值，如图 4-69 所示，单击【确定】按钮，得到的图像效果如图 4-70 所示。

图 4-69　调整图像的绿色　　　　　　　　图 4-70　更改图像颜色

4.5.6　阴影/高光

【阴影/高光】命令不是单纯地使图像变亮或变暗，它可以准确地调整图像中阴影和高光的分布。

【练习 4-14】调整图像的阴影和高光。

(1) 打开【咖啡豆.jpg】作为需要调整阴影和高光的图像文件，如图 4-71 所示。

(2) 选择【图像】|【调整】|【阴影/高光】命令，在打开的【阴影/高光】对话框中调整图像的阴影、高光等参数，如图 4-72 所示。

(3) 单击【确定】按钮，得到调整后的图像效果，如图 4-73 所示。

图 4-71　素材图像　　　　图 4-72　调整图像的阴影和高光　　　图 4-73　调整后的图像

4.5.7　照片滤镜

使用【照片滤镜】命令可以把带颜色的滤镜放在照相机镜头前方来调整图像颜色，还可通过选择色彩预置，调整图像的色相。

【练习 4-15】制作暖色调图像。

(1) 打开【花儿.jpg】作为需要调整颜色的图像文件，如图 4-74 所示。

(2) 选择【图像】|【调整】|【照片滤镜】命令，打开【照片滤镜】对话框，在【滤镜】下拉列表框中选择一种滤镜，如【加温滤镜(85)】，然后调整【密度】参数为 63%，如图 4-75 所示。

图 4-74　素材图像　　　　　　图 4-75　【照片滤镜】对话框

【照片滤镜】对话框中主要选项的作用如下。

▽ 滤镜：选中该单选按钮后，在其右侧的下拉列表框中可以选择滤色方式。

▽ 颜色：选中该单选按钮后，单击右侧的颜色框，可以设置过滤颜色。

▽ 密度：拖动滑块可以控制着色的强度，数值越大，滤色效果越明显。

(3) 调整好参数后单击【确定】按钮，得到的图像效果如图 4-76 所示。

(4) 如果选中【颜色】单选按钮，单击后面的色块，可以打开【拾色器(照片滤镜颜色)】对话框，如图 4-77 所示。

图 4-76　调整后的图像

图 4-77　设置颜色参数

(5) 设置完颜色后单击【确定】按钮，回到【照片滤镜】对话框中，设置【密度】参数为 50%，如图 4-78 所示。

(6) 单击【确定】按钮，得到的图像效果如图 4-79 所示。

图 4-78　调整参数

图 4-79　图像效果

4.5.8　通道混合器

使用【通道混合器】命令，可以通过颜色通道的混合来调整颜色，产生图像合成的效果。【通道混合器】的使用方法：在【通道混合器】对话框中先设置【输出通道】，然后调整各参数设置。

【练习 4-16】调整图像通道颜色。

(1) 打开【乐手.jpg】作为需要调整颜色的图像文件，如图 4-80 所示。

(2) 选择【图像】|【调整】|【通道混合器】命令，打开【通道混合器】对话框，选择蓝色通道进行调整，如图 4-81 所示。

(3) 单击【确定】按钮，图像中的红色和橘色调都将变为紫色调，如图 4-82 所示。

图 4-80　素材图像　　　　　　　图 4-81　调整蓝色通道　　　　　图 4-82　调整后的图像效果

【通道混合器】对话框中各选项的含义如下。

▽　输出通道：用于选择进行调整的通道。

▽　源通道：通过拖动滑块或输入数值来调整源通道在输出通道中所占的百分比值。

▽　常数：通过拖动滑块或输入数值来调整通道的不透明度。

▽　单色：将图像转换成只含灰度值的灰度图像。

4.6　调整图像的特殊颜色

　　图像颜色的调整具有多样性，除了一些简单的颜色调整外，还能调整图像的特殊颜色。使用【去色】【反相】【色调均化】等命令可使图像产生特殊的效果。

4.6.1　去色

　　使用【去色】命令可以去掉图像的颜色，只显示具有明暗度的灰度颜色，选择【图像】|【调整】|【去色】命令，即可将图像中所有颜色的饱和度都变为 0，从而将图像变为彩色模式下的灰色图像。

> 提示
>
> 　　使用【去色】命令后可以将原有图像的色彩信息去掉，但该去色操作并不是将颜色模式转为灰度模式。

4.6.2　渐变映射

　　使用【渐变映射】命令可以改变图像的色彩，该命令主要使用渐变颜色对图像的颜色进行调整。

【练习4-17】为图像应用渐变颜色。

(1) 打开【光束.jpg】作为需要调整颜色的图像文件,如图4-83所示,然后选择【图像】|【调整】|【渐变映射】命令,打开【渐变映射】对话框,如图4-84所示。

图4-83　打开素材图像

图4-84　打开【渐变映射】对话框

(2) 单击对话框中的渐变颜色框,弹出【渐变编辑器】对话框,展开预设里的【基础】颜色组,选择【黑,白渐变】颜色,如图4-85所示,单击【确定】按钮,返回【渐变映射】对话框,单击【确定】按钮,得到如图4-86所示的效果。

图4-85　打开【渐变映射】对话框

图4-86　渐变映射效果

【渐变映射】对话框中主要选项的作用如下。

▽　灰度映射所用的渐变:单击渐变颜色框,可以打开【渐变编辑器】对话框来编辑所需的渐变颜色。

▽　仿色:选中该复选框,图像将实现抖动渐变。

▽　反向:选中该复选框,图像将实现反转渐变。

(3) 在渐变编辑条中也可以设置新的渐变颜色,如图4-87所示为渐变色从红色到淡黄色到淡蓝色的图像效果。如果选择对话框中的【反向】复选框,可以得到如图4-88所示的图像效果。

图4-87　图像效果

图4-88　反向效果

4.6.3　反相

使用【反相】命令可以将图像的色彩反相，常用于制作胶片的效果。选择【图像】|【调整】|【反相】命令后，将图像的色彩反相，从而转化为负片，或将负片还原为图像。当再次使用该命令时，图像会被还原。例如，对图 4-89 所示的图像使用【反相】命令后，得到的效果如图 4-90 所示。

　　　　图 4-89　原图像　　　　　　　　　　　　　图 4-90　反相后的效果

4.6.4　色调均化

使用【色调均化】命令能重新分布图像中各像素的亮度值，以便更均匀地呈现所有范围的亮度级。选择【色调均化】命令后，图像中的最亮值呈现为白色，最暗值呈现为黑色，中间值则均匀地分布在整个图像的灰度色调中。例如，选择【图像】|【调整】|【色调均化】命令，可以将如图 4-91 所示的图像转换为如图 4-92 所示的效果。

　　　　图 4-91　原图像　　　　　　　　　　　　　图 4-92　色调均化后的效果

4.6.5　阈值

使用【阈值】命令可以将一个彩色或灰度图像变成只有黑白两种色调的黑白图像，该效果适合制作版画。

打开一幅需要调整颜色的图像文件，如图 4-93 所示，选择【图像】|【调整】|【阈值】命令，在打开的【阈值】对话框中拖动下面的三角形滑块设置阈值参数，如图 4-94 所示；设置完成后单击【确定】按钮，即可调整图像的效果，如图 4-95 所示。

图 4-93　素材图像

图 4-94　【阈值】对话框

图 4-95　调整后的图像

4.6.6　色调分离

使用【色调分离】命令，可以指定图像中每个通道的色调级(或亮度值)的数目，然后将像素映射为最接近的匹配级别。打开一幅素材图像，如图 4-96 所示，然后选择【图像】|【调整】|【色调分离】命令，打开【色调分离】对话框，其中【色阶】选项用于设置图像色调变化的程度，数值越大，图像色调变化越大，效果越明显，如图 4-97 所示。

图 4-96　原图像

图 4-97　色调分离效果

4.6.7　黑白

使用【黑白】命令可以轻松地将彩色图像转换为丰富的黑白图像，并可以精细地调整图像的色调值和浓淡。

【练习 4-18】制作黑白图像。

(1) 打开【爱心杯.jpg】作为需要转换为黑白颜色的图像文件，由于该图像中的红色和黄色较多，所以需要调整这两种颜色，如图 4-98 所示。

(2) 选择【图像】|【调整】|【黑白】命令，打开【黑白】对话框，分别拖动【红色】和【黄色】下面的三角形滑块进行参数设置，如图 4-99 所示。

(3) 设置好参数后进行确定，即可调整图像的效果，如图 4-100 所示。

图 4-98　素材图像　　　　图 4-99　设置参数　　　　图 4-100　调整后的图像

4.7　实例演练

本节综合应用所学的图像色彩编辑操作，包括油漆桶工具、渐变工具等，练习为卡通图像填色和为照片调整色彩的操作。

4.7.1　为卡通图填充颜色

本小节将为一幅卡通图片添加背景颜色，实例效果如图 4-101 所示。

图 4-101　实例效果

本实例的具体操作步骤如下。

(1) 打开【卡通图片.jpg】素材图像，如图 4-102 所示。

(2) 单击工具箱底部的前景色图标，打开【拾色器(前景色)】对话框，设置颜色为淡黄色(R255,G244,B195)，如图 4-103 所示。

图 4-102　打开图像　　　　　　图 4-103　设置颜色

(3) 选择工具箱中的【油漆桶工具】 ，在属性栏中设置【容差】值为 10，然后在卡通人物拉手之间的白色图像中单击，将中间一圈白色填充为淡黄色，如图 4-104 所示。

(4) 选择【魔棒工具】 ，在属性栏中设置【容差】值为 20，单击背景图像中的白色区域，获取背景图像选区，如图 4-105 所示。

图 4-104　填充颜色

图 4-105　获取选区

(5) 选择【渐变工具】 ，单击工具属性栏中的渐变色条 ，打开【渐变编辑器】对话框，设置渐变颜色从淡蓝色(R197,G223,B248)到白色，然后单击【确定】按钮，如图 4-106 所示。

(6) 在【渐变工具】 属性栏中选择渐变方式为【径向渐变】。在选区中间从上到下按住鼠标左键拖动，得到的填充效果如图 4-107 所示，完成本实例的操作。

图 4-106　设置渐变颜色

图 4-107　填充效果

4.7.2　调整照片的曝光度

本节将使用色彩调整命令处理曝光过度的照片，实例前后对比效果如图 4-108 所示。

原图

调整后的效果

图 4-108　实例对比效果

本实例的具体操作步骤如下。

(1) 打开【风景.jpg】照片素材,如图 4-109 所示。

(2) 选择【图像】|【调整】|【曝光度】命令,打开【曝光度】对话框,然后降低图像的曝光度,如图 4-110 所示,单击【确定】按钮。

图 4-109 打开照片

图 4-110 降低曝光度

(3) 选择【图像】|【调整】|【色阶】命令,打开【色阶】对话框,调整其参数如图 4-111 所示,然后单击【确定】按钮,照片效果如图 4-112 所示。

图 4-111 调整参数

图 4-112 照片效果

(4) 选择【图像】|【调整】|【亮度/对比度】命令,打开【亮度/对比度】对话框,调整其参数如图 4-113 所示,然后单击【确定】按钮,完成照片曝光度的调整,效果如图 4-114 所示。

图 4-113 调整参数

图 4-114 最终效果

4.8 习题

一、填空题

1. 使用_____命令能精细地调整图像的饱和度,以便在颜色接近最大饱和度时最大限度地减少颜色的流失。

计算机基础与实训教材系列

2. 选择【编辑】|【填充】命令，不仅可以填充单一的颜色，还可以进行_____填充。

3. 使用_____命令，可以使另一个图像的颜色与当前图像中的颜色进行混合，从而达到改变当前图像色彩的目的。

二、选择题

1.( )命令主要用来调整图像中颜色的明暗度，能对图像的阴影、中间调和高光的强度进行调整。

A. 色阶
B. 阈值
C. 渐变映射
D. 色彩平衡

2. 使用( )命令能把图像的色彩反相，常用于制作胶片的效果。

A. 色阶
B. 反相
C. 自动对比度
D. 通道混合器

3. 当图像总体出现偏色时，可以使用( )命令自动调整图像中的高光和暗调，使图像呈现较好的层次效果。

A. 替换颜色
B. 色彩平衡
C. 色调分离
D. 自动色调

三、操作题

打开素材文件【别墅.jpg】，如图 4-115 所示。使用【调整】菜单中的色彩调整命令增加图像的亮度、增强的图像饱和度，以及为图像调整黄色和红色调等，效果如图 4-116 所示。

图 4-115　打开素材　　　　图 4-116　调整图像色彩

第 5 章

绘制与应用选区

本章将学习选区的绘制与应用，用户可以在图像中创建选区，还可以通过选区命令获取部分图像选区，这样可以保护选区以外的图像不受影响，在图像编辑过程中的任何操作都只对选区内的图像起作用。

本章重点

- 绘制选区
- 编辑选区
- 修改选区

二维码教学视频

5.1 绘制选区

在 Photoshop 中绘制选区的工具包括：选框工具、套索工具、魔棒工具、色彩范围、蒙版、通道、路径等。创建选区时，可以根据几何形状或像素颜色来选择合适的工具。

5.1.1 使用矩形选框工具

使用【矩形选框工具】可以绘制出矩形选区，并且还可以配合属性栏中的各项设置绘制出一些特定大小的矩形选区。

【练习 5-1】绘制矩形选区。

(1) 打开任意一张图像文件，在工具箱中选择【矩形选框工具】，将光标移至图像窗口中，按住鼠标左键进行拖动，即可创建出一个矩形选区，如图 5-1 所示。

(2) 按 Ctrl + D 组合键可以取消选区。

(3) 按住 Shift 键在图像中拖动鼠标，可以绘制出一个正方形选区，如图 5-2 所示。

图 5-1　绘制矩形选区　　　　图 5-2　绘制正方形选区

(4) 绘制选区后，工具属性栏如图 5-3 所示，在其中可以对选区进行添加选区、减少选区和交叉选区等各项操作。

图 5-3　【矩形选框工具】属性栏

▽ ：该按钮组主要用于控制选区的创建方式，表示创建新选区，表示添加到选区，表示从选区减去，表示与选区交叉。

▽ 羽化：在该文本框中输入数值可以在创建选区后得到使选区边缘柔化的效果，羽化值越大，则选区的边缘越柔和。

▽ 消除锯齿：用于消除选区边缘锯齿，只有在选择【椭圆选框工具】时才可用。

▽ 样式：在该下拉列表框中可以选择设置选区的形状。包括【正常】【固定比例】和【固定大小】3 个选项。其中【正常】为默认设置，可创建不同大小的选区；选择【固定比例】所创建的选区长宽比与设置保持一致；【固定大小】选项用于锁定选区大小。

▽ 选择并遮住：单击该按钮，即可进入调整选区的界面，在【属性】面板中可以选择多种显示模式，以及定义边缘的半径、对比度和羽化程度等。

（5）单击属性栏中的【添加到选区】按钮，可以再绘制一个矩形选区，如图 5-4 所示，得到添加矩形选区的效果，如图 5-5 所示。

图 5-4　绘制选区

图 5-5　添加的选区

（6）单击属性栏中的【从选区减去】按钮，并且在【样式】下拉列表框中选择【固定比例】选项，分别设置【宽度】为 2、【高度】为 3，然后在图像中绘制选区，如图 5-6 所示，可以得到减去矩形选区的效果，如图 5-7 所示。

图 5-6　设置属性栏

图 5-7　减去的选区

（7）按 Ctrl + D 组合键取消选区。

（8）在属性栏中选择【固定大小】选项，并设置【宽度】和【高度】数值，单击【添加到选区】按钮，在图像窗口中多次单击鼠标，即可得到多个相同大小的选区，如图 5-8 所示。

（9）设置前景色为白色，按 Alt+Delete 组合键可以填充选区中的图像，效果如图 5-9 所示。

图 5-8　绘制相同的选区

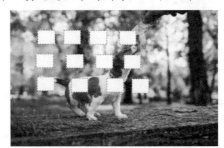

图 5-9　填充选区内的图像

5.1.2　使用椭圆选框工具

使用【椭圆选框工具】可以绘制椭圆形及正圆形选区，其属性栏中的选项及功能与【矩形选框工具】相同。选择【椭圆选框工具】，在图像窗口中按下鼠标并拖动，即可创建椭圆形选

计算机基础与实训教材系列

区,如图 5-10 所示。在绘制椭圆形选区的过程中,按住 Shift 键可以创建正圆选区,如图 5-11 所示。

图 5-10　绘制椭圆选区　　　　　　　　　　　图 5-11　绘制正圆选区

提示

在绘制椭圆形选区的过程中,用户可以按住 Alt 键以光标起点为中心绘制椭圆形选区。也可以按住 Alt + Shift 组合键以光标起点为中心绘制正圆形选区。

5.1.3　使用单行、单列选框工具

使用【单行选框工具】 或【单列选框工具】 可以在图像窗口中绘制一个像素宽度的水平或垂直选区,且绘制的选区长度会随着图像窗口的尺寸变化。

在工具箱中选择【单行选框工具】 或【单列选框工具】 选项,然后在图像窗口中单击,即可创建出 1 个像素大小的单行或单列选区,分别如图 5-12 和图 5-13 所示。

图 5-12　绘制多个单行选区　　　　　　　　　　图 5-13　绘制多个单列选区

5.1.4　使用套索工具组

通过选框工具组只能创建规则的几何选区,而在实际工作中,常常需要创建各种不规则形状的选区,这时就可以通过套索工具组来完成,该工具组中的属性栏选项及功能与选框工具组相同。

1. 套索工具

【套索工具】 主要用于创建手绘类的不规则选区,一般不用于精确绘制选区。

选择工具箱中的【套索工具】 ,将鼠标指针移到要选取的图像的起始点,然后按住鼠标左键不放沿图像的轮廓移动鼠标指针,如图 5-14 所示,完成后释放鼠标,绘制的套索线将自动闭合成为选区,如图 5-15 所示。

图 5-14　按住鼠标拖动　　　　　　　　　　图 5-15　得到选区

2. 多边形套索工具

【多边形套索工具】适用于边界为直线型图像的选取，它可以轻松地绘制出多边形形态的图像选区。

选择工具箱中的【多边形套索工具】，在图像中单击作为创建选区的起始点，然后拖动鼠标再次单击，以创建选区中的其他点，如图 5-16 所示，最后将鼠标移动到起始点处，当鼠标指针变成形态时单击，即可生成最终的选区，如图 5-17 所示。

图 5-16　创建多边形选区　　　　　　　　图 5-17　得到选区

3. 磁性套索工具

【磁性套索工具】可以轻松绘制出外边框较为复杂的图像选区，它可以在图形颜色与背景颜色反差较大的区域创建选区。

选择工具箱中的【磁性套索工具】按钮，按住鼠标左键不放沿图像的轮廓拖动鼠标指针，鼠标经过的地方会自动产生节点，并自动捕捉图像中对比度较大的图像边界，如图 5-18 所示，当到达起始点时单击鼠标即可得到一个封闭的选区，如图 5-19 所示。

图 5-18　沿图像边缘创建选区　　　　　　图 5-19　得到选区

计算机基础与实训教材系列

💿 提示

在使用【磁性套索工具】🖳 时，可能会由于抖动或其他原因而使边缘生成一些多余的节点，这时可以按 Delete 键来删除最近创建的磁性节点，然后再继续绘制选区。

5.1.5 使用【魔棒工具】创建选区

使用【魔棒工具】🪄 可以选择颜色一致的图像，从而获取选区，因此该工具常用于选择颜色对比较强的图像。

【练习 5-2】使用【魔棒工具】获取图像选区。

(1) 打开任意一幅图像文件，然后选择工具箱中的【魔棒工具】🪄，其属性栏如图 5-20 所示。

| ★ | 🪄 ▾ | □ ▫ ▪ ▫ | 取样大小: | 取样点 | ▾ | 容差: 20 | ☑ 消除锯齿 | ☑ 连续 | □ 对所有图层取样 | | 选择主体 | 选择并遮住 ... | | Q ▢ ▾ |

图 5-20 【魔棒工具】属性栏

▽ 容差：用于设置选取的色彩范围值，单位为像素，取值范围为 0~255。输入的数值越大，选取的颜色范围也越大；数值越小，选择的颜色值就越接近，得到选区的范围就越小。

▽ 消除锯齿：用于消除选区边缘锯齿。

▽ 连续：选中该复选框，表示只选择颜色相邻的区域，取消选中时会选取颜色相同的所有区域。

▽ 对所有图层取样：当选中该复选框后，可以在所有可见图层上选取相近的颜色区域。

(2) 在属性栏中设置【容差】值为 20，并选中【连续】复选框，然后在图像中单击背景区域，可以获取部分图像选区，如图 5-21 所示。

(3) 改变属性栏中的【容差】值为 60，然后取消选中【连续】复选框，最后单击图像背景，将得到如图 5-22 所示的图像选区。

图 5-21 获取选区

图 5-22 获取连续选区

5.1.6 使用【快速选择工具】

【快速选择工具】🖌 位于魔棒工具组中，使用该工具可以根据拖动鼠标指针范围内的相似颜色来创建选区。

【练习 5-3】快速选择背景图像。

(1) 打开任意一幅图像文件，然后选择工具箱中的【快速选择工具】🖌，其属性栏如图 5-23 所示。

(2) 设置画笔大小，如 50 像素，然后在图像中按住鼠标左键进行拖动，鼠标所到之处，即成为选区，如图 5-24 所示。

图 5-23　快速工具属性栏

图 5-24　获取选区

【快速选择工具】属性栏中的各项设置与其他选区工具基本相同，不同的是增加了一个【画笔】选项，单击该选项，可以在弹出的面板中设置画笔大小。

5.1.7　使用【色彩范围】命令

使用【色彩范围】命令可以在图像中创建与预设颜色相似的图像选区，并且可以根据需要调整预设颜色，比【魔棒工具】 🪄 选取的区域更广。

【练习 5-4】选择图像中的相似颜色。

(1) 打开任意一幅图像文件。

(2) 选择【选择】|【色彩范围】命令，打开【色彩范围】对话框，单击图像中需要选取的颜色，然后再进行【颜色容差】的设置，如图 5-25 所示。

【色彩范围】对话框中主要选项的作用如下。

▽ 选择：用来设置预设颜色的范围，在其下拉列表框中分别有取样颜色、红色、黄色、绿色、青色、蓝色、洋红、高光、中间调和阴影等选项。

▽ 颜色容差：该选项与【魔棒工具】属性栏中的【容差】选项功能相同，用于调整颜色容差值的大小。

(3) 单击【确定】按钮，回到图像窗口中，可以得到图像选区，如图 5-26 所示。

图 5-25　【色彩范围】对话框

图 5-26　图像选区

5.2 修改选区

在图像中创建好选区后,用户还可以根据需要对选区进行修改,如对选区进行移动、扩展、收缩、增加或平滑等操作。

5.2.1 全选和取消选区

在一幅图像中,如果要获取整幅图像的选区,可以选择【选择】|【全部】命令,或按 Ctrl+A 组合键即可全选窗口中的图像。

选区应用完毕后应及时取消选区,否则以后的操作始终只对选区内的图像有效。选择【选择】|【取消选择】命令,或按 Ctrl+D 组合键即可取消选区。

> 🐭 **提示**
>
> 选择【选择】|【反选】命令,或按 Shift+Ctrl+I 组合键,可以选取图像中除选区以外的图像区域。该命令常用于配合选框工具、套索工具等选取工具的使用。

5.2.2 移动图像选区

在 Photoshop 中,可以使用选框工具直接移动选区,还可以使用移动工具在移动选区的同时移动选区中的图像。

【练习 5-5】移动选区和选区内的图像。

(1) 打开【苹果.jpg】素材图像,然后使用【磁性套索工具】🔗选择苹果图像,为其创建选区,如图 5-27 所示。

(2) 将光标置于选区中,当光标变成 ⊹ 形状时,按住鼠标左键,光标将变为 ▶ 形状,然后进行拖动,即可移动选区,如图 5-28 所示。

图 5-27　创建选区

图 5-28　移动选区

(3) 按 Ctrl+Z 组合键撤销一步操作,以便重新选中苹果图像。

(4) 选择工具箱中的【移动工具】⊕,然后移动选区,此时将移动选区及选区内的图像,原位置的图像将以背景色填充,如图 5-29 所示。

(5) 按 Ctrl+Z 组合键撤销移动选区图像的操作。

(6) 选择工具箱中的【移动工具】 ，然后按住 Alt 键移动选区，此时可以移动并且复制选区中的图像，如图 5-30 所示。

图 5-29　移动选区图像　　　　　　　图 5-30　移动并复制选区图像

5.2.3　增加选区边界

Photoshop 中有一个用于修改选区的【边界】命令，使用该命令可以在选区边界处向内或向外增加一条边界。

【练习 5-6】创建选区边界。

(1) 打开一个图像文件，使用适合的选框工具在图像中创建一个选区，如图 5-31 所示。

(2) 选择【选择】|【修改】|【边界】命令，打开【边界选区】对话框，设置【宽度】为 15 像素，如图 5-32 所示。

图 5-31　创建选区　　　　　　　　　图 5-32　设置边界选区

(3) 单击【确定】按钮，即可得到增加的选区边界，如图 5-33 所示，设置前景色为蓝色，按 Alt+Delete 组合键进行选区填充，得到的图像效果如图 5-34 所示。

图 5-33　增加选区边界　　　　　　　　图 5-34　填充选区

计算机基础与实训教材系列

107

5.2.4 扩展和收缩图像选区

扩展选区是在原始选区的基础上将选区进行扩展；而收缩选区是扩展选区的逆向操作，可以将选区向内进行缩小。

在图像中绘制选区后，选择【选择】|【修改】|【扩展】命令，打开【扩展】对话框设置扩展选区，如图 5-35 所示；选择【选择】|【修改】|【收缩】命令，打开【收缩】对话框设置收缩选区，如图 5-36 所示。

图 5-35　扩展选区

图 5-36　收缩选区

【练习 5-7】制作图像边框。

(1) 打开【塔.jpg】图像文件，使用【矩形选框工具】▭在图像中绘制一个矩形选区，如图 5-37 所示。

(2) 单击属性栏中的【从选区减去】按钮◱，然后在选区中再绘制一个矩形选区，得到减选选区效果，如图 5-38 所示。

图 5-37　绘制选区

图 5-38　减选选区

(3) 单击【图层】面板底部的【创建新图层】按钮◻，新建【图层 1】，如图 5-39 所示，然后填充选区为白色，如图 5-40 所示。

图 5-39　创建图层

图 5-40　填充选区

(4) 选择【选择】|【修改】|【扩展】命令，打开【扩展选区】对话框，设置扩展量为 20 像素，如图 5-41 所示，然后单击【确定】按钮，得到的选区效果如图 5-42 所示。

图 5-41　设置参数　　　　　　　　　　图 5-42　扩展选区

(5) 选择【编辑】|【描边】命令，打开【描边】对话框，设置描边颜色为白色，宽度为 4 像素，然后单击【确定】按钮，如图 5-43 所示。

(6) 按 Ctrl+D 组合键取消选区，得到如图 5-44 所示的描边效果。

图 5-43　设置描边选项　　　　　　　　图 5-44　图像描边效果

(7) 使用【矩形选框工具】在图像边缘绘制一个矩形选区，如图 5-45 所示。

(8) 选择【编辑】|【描边】命令，打开【描边】对话框，设置描边颜色为白色，宽度为 8 像素，单击【确定】按钮，得到的描边效果如图 5-46 所示。

图 5-45　绘制选区　　　　　　　　　　图 5-46　描边效果

(9) 选择【选择】|【修改】|【收缩】命令，打开【收缩选区】对话框，设置收缩量为 25 像素，如图 5-47 所示。

(10) 单击【确定】按钮，得到收缩后的选区效果，如图 5-48 所示。

图 5-47　设置收缩参数

图 5-48　选区效果

(11) 选择【编辑】|【描边】命令，打开【描边】对话框，设置描边颜色为白色，宽度为 10 像素，然后单击【确定】按钮，如图 5-49 所示。

(12) 按 Ctrl+D 组合键取消选区，得到最终的描边效果，如图 5-50 所示。

图 5-49　设置描边选项

图 5-50　选区效果

5.2.5　平滑图像选区

使用【平滑】选区命令可以使绘制的选区变得平滑，并消除选区边缘的锯齿。

【练习 5-8】创建平滑选区图像。

(1) 打开一幅图像，使用【多边形套索工具】 在图像窗口中绘制一个五角星选区，如图 5-51 所示。

(2) 选择【选择】|【修改】|【平滑】命令，打开【平滑选区】对话框，设置【取样半径】为 20 像素，如图 5-52 所示。

图 5-51　绘制选区

图 5-52　【平滑选区】对话框

(3) 单击【确定】按钮，可以得到平滑的选区，如图 5-53 所示。

(4) 在选区中填充颜色，可以观察到选区的平滑状态，如图 5-54 所示。

图 5-53　平滑选区

图 5-54　填充选区后的效果

5.2.6　羽化选区

使用【羽化】选区命令可以柔和模糊选区的边缘，主要是通过扩散选区的轮廓来达到模糊边缘的目的，羽化选区能平滑选区边缘，并产生淡出的效果。

【练习 5-9】制作羽化图像效果。

(1) 打开【风景.jpg】图像文件，使用【套索工具】在图像中选取蓝天白云，如图 5-55 所示。

(2) 选择【选择】|【修改】|【羽化】命令，打开【羽化选区】对话框，设置【羽化半径】参数为 20 像素，如图 5-56 所示。

图 5-55　绘制选区

图 5-56　设置羽化参数

(3) 单击【确定】按钮进行选区羽化，得到的羽化选区效果如图 5-57 所示。

(4) 在选区中填充白色，可以观察到填充羽化选区的图像效果，如图 5-58 所示。

图 5-57　羽化选区

图 5-58　填充效果

5.3　编辑选区

用户在图像窗口中创建的选区有时并不能达到实际要求,使用 Photoshop 中的选区编辑功能,可以对选区进行一些特殊处理。

5.3.1　变换图像选区

使用【变换选区】命令可以对选区进行自由变形,而不会影响选区中的图像,其中包括移动选区、缩放选区、旋转与斜切选区等。

【练习5-10】对圆形选区进行缩放和旋转。

(1) 打开一幅图像文件, 然后在图像中绘制一个圆形选区。

(2) 选择【选择】|【变换选区】命令, 选区四周即可出现 8 个控制点, 如图 5-59 所示。

(3) 拖动任意控制点即可等比例缩放选区大小, 按住 Alt 键可以相对选区中心进行缩放, 如图 5-60 所示。

图 5-59　显示控制点

图 5-60　变换选区

(4) 按住 Shift 键将鼠标置于控制框任意控制点上, 然后按住并拖动鼠标, 可以改变选区宽窄或长短, 如图 5-61 所示。

(5) 将鼠标置于控制框四个角点上, 然后按住并拖动鼠标, 可以旋转选区的角度, 如图 5-62 所示。

图 5-61 变形选区

图 5-62 旋转选区

(6) 将鼠标置于控制框内，然后按住并拖动鼠标，可以移动选区的位置，如图 5-63 所示，按 Enter 键或双击鼠标，即可完成选区的变换操作，如图 5-64 所示。

图 5-63 移动选区

图 5-64 结束选区变换

提示

【变换选区】命令与【自由变换】命令有一些相似之处，都可以进行缩放、斜切、旋转、扭曲、透视等操作；不同之处在于：【变换选区】只针对选区进行操作，不能对图像进行变换，而【自由变换】命令可以同时对选区和图像进行操作，移动选区中的图像后，原位置将自动以背景色填充。

5.3.2 描边图像选区

【描边】命令可以使用一种颜色填充选区边界，还可以设置填充的宽度。绘制好选区后，选择【编辑】|【描边】命令，打开【描边】对话框，在该对话框中可以设置描边的【宽度】值和描边的位置、颜色等，如图 5-65 所示。单击【确定】按钮，即可得到选区描边效果，如图 5-66 所示。

图 5-65 【描边】对话框

图 5-66 选区描边效果

计算机基础与实训教材系列

113

【描边】对话框中主要选项的功能如下。

▽ 宽度：用于设置描边后生成填充线条的宽度。

▽ 颜色：单击选项右方的色块，将打开【选取描边颜色】对话框，可以设置描边区域的颜色。

▽ 位置：用于设置描边的位置，包括【内部】【居中】和【居外】3 个单选按钮。

▽ 混合：用于设置描边后颜色的不透明度和着色模式。

▽ 保留透明区域：选中该复选框后进行描边时将不影响原图层中的透明区域。

5.3.3 存储和载入图像选区

在编辑图像的过程中，用户可以保存一些造型较复杂的图像选区，当以后需要使用时，可以将保存的选区直接载入使用。

【练习 5-11】保存心形选区。

(1) 打开【心.jpg】图像文件，如图 5-67 所示。

(2) 使用【魔棒工具】 在图像中选中心形图像区域，如图 5-68 所示。

图 5-67　打开图像

图 5-68　选中心形

(3) 选择【选择】|【存储选区】命令，打开【存储选区】对话框，设置存储通道的位置及名称，如图 5-69 所示。

(4) 设置好存储选区的各选项后进行确定，用户可以在【通道】面板中查看到存储的选区，如图 5-70 所示。

图 5-69　【存储选区】对话框

图 5-70　存储在通道中的选区

【存储选区】对话框中主要选项的作用如下。

▽ 文档：在右方的下拉列表框中可以选择在当前文档中或是在新建文件中创建存储选区的通道。

▽ 通道：用于选取作为选区要存储的图层或通道。
▽ 名称：用于设置存储通道的名称。
▽ 操作：用于选择通道的处理方式。

【练习 5-12】载入选区。

(1) 打开【载入选区.psd】图像文件，该图像文件中存储了"圆形"和"小老鼠"两个选区。

(2) 选择【选择】|【载入选区】命令，打开【载入选区】对话框，在【通道】下拉列表框中选择【圆形】作为载入的选区，如图 5-71 所示。

(3) 单击【确定】按钮，即可将存储好的"圆形"选区载入图像窗口中，如图 5-72 所示。

图 5-71　选择要载入的选区

图 5-72　载入的圆形选区

(4) 选择【选择】|【载入选区】命令，打开【载入选区】对话框，在【通道】下拉列表框中选择【小老鼠】作为载入的选区，如图 5-73 所示。

(5) 单击【确定】按钮，即可将存储好的"小老鼠"选区载入图像窗口中，如图 5-74 所示。

图 5-73　选择要载入的选区

图 5-74　载入的选区

5.4　实例演练

本节综合运用所学的 Photoshop 选区的应用，包括创建各种不同形状的选区、修改选区和编辑选区等，练习使用选区功能绘制弯弯的月亮和手提袋立体效果图的操作。

5.4.1　绘制星光和月亮

本例将为星空夜晚添加月亮和星光的效果，打开【星空.jpg】素材图像，如图 5-75 所示，使

计算机基础与实训教材系列

用【椭圆选框工具】 和减选功能，绘制一个月亮选区，并使用白色填充选区，完成月亮的创建，然后继续绘制星光图像，效果如图 5-76 所示。

图 5-75　原图

图 5-76　最终效果

制作该图像的具体操作步骤如下。

(1) 打开【星空.jpg】图像，选择工具箱中的【椭圆选框工具】 ，按住 Shift 键在画面左上方绘制一个圆形选区，如图 5-77 所示。

(2) 单击工具属性栏中的【从选区减去】按钮 ，在圆形选区中拖动选区，得到一个月牙选区，如图 5-78 所示。

图 5-77　绘制圆形选区

图 5-78　减选选区

(3) 设置前景色为白色，按 Alt + Delete 组合键填充选区颜色，如图 5-79 所示。

(4) 按 Ctrl + D 组合键取消选区，然后选择【多边形套索工具】 ，在画面中绘制星光选区，同样填充为白色，如图 5-80 所示。

(5) 使用同样的方法，绘制其他的星光图像，完成本例的制作。

图 5-79　填充颜色

图 5-80　绘制星光图像

5.4.2 制作手提袋立体效果图

本例将练习制作一个手提袋立体效果图，主要练习选区的创建和编辑，以及填充选区等操作，本实例的最终效果如图 5-81 所示。

图 5-81 最终效果

本实例的具体操作步骤如下。

(1) 新建一个图像文件，将背景填充为灰色。然后打开【手提袋正面图.jpg】文件，使用【移动工具】 将其拖曳过来，按 Ctrl+T 组合键，再按住 Ctrl 键分别拖动变换框的四个角，得到透视图像效果，如图 5-82 所示。

(2) 在【图层】面板下方单击【创建新图层】按钮，新建一个图层，将其放到手提袋图像所在图层的下方，选择【多边形套索工具】 ，在其右侧绘制一个四边形选区，如图 5-83 所示。

图 5-82 变换图像

图 5-83 绘制选区

(3) 设置前景色为浅灰色(R198,G199,B194)，按 Alt+Delete 组合键填充选区，效果如图 5-84 所示。

(4) 在灰色图像右半部分再绘制一个四边形选区，作为手提袋侧面褶皱的另一面，填充为较深一些的灰色(R191,G193,B193)，效果如图 5-85 所示。

图 5-84 填充选区

图 5-85 绘制另一面

计算机基础与实训教材系列

(5) 选择【多边形套索工具】 ，在灰色图像左半部分再绘制一个四边形选区，填充为灰色(R178,G178,B173)，如图 5-86 所示。

(6) 新建一个图层，将其放到背景图层的上方，选择【多边形套索工具】 在手提袋顶部绘制一个四边形选区，填充为深灰色(R129,G125,B115)，如图 5-87 所示。

图 5-86　填充颜色

图 5-87　填充顶面选区

(7) 打开素材图像【绳子.psd】，使用【移动工具】 将其拖曳到当前编辑的图像中，放到手提袋正面图像上方，适当调整图像大小，最终效果如图 5-88 所示。

图 5-88　图像效果

5.5　习题

一、填空题

1. 使用＿＿＿＿＿＿＿工具可以在图像窗口中绘制一个像素宽度的水平或垂直选区，且绘制的选区长度会随着图像窗口的尺寸变化。

2. ＿＿＿＿＿＿＿主要用于创建手绘类的不规则选区，一般不用来精确定制选区。

3. ＿＿＿＿＿＿＿用于边界为直线型图像的选取，它可以轻松地绘制出多边形形态的图像选区。

4. ＿＿＿＿＿＿＿是在原始选区的基础上将选区进行扩展。

二、选择题

1. 在绘制椭圆形选区的过程中，可以按住(　　)键以光标起点为中心绘制椭圆选区。

A. Alt   B. Alt＋Shift

C. Ctrl   D. Shift

2. 选择【选择】|【修改】|(　　)命令，可以将矩形选区变成圆角矩形选区。

　　A. 平滑   B. 扩展

　　C. 收缩   D. 边界

3. (　　)命令可以使用一种颜色填充选区边界，还可以设置填充的宽度。

　　A. 描边   B. 羽化

　　C. 边界   D. 扩展

4. (　　)命令可以柔和模糊选区的边缘，主要是通过扩散选区的轮廓来达到模糊边缘的目的。

　　A. 描边   B. 羽化

　　C. 边界   D. 扩展

三、操作题

练习制作一个写意图像，打开【荷花.jpg】图像文件，如图 5-89 所示，然后创建选区，并使用羽化、填充和描边等功能，得到如图 5-90 所示的效果。

图 5-89　素材图像

图 5-90　制作写意效果

第 6 章

绘制路径和形状

使用选区工具不方便对复杂造型的图像进行选取，但是使用 Photoshop 中的钢笔工具可以帮助用户绘制较复杂的路径，然后将路径转换为选区即可。在本章的内容中，将学习绘制路径和形状的相关知识。

➡ 本章重点

- ◉ 绘制路径
- ◉ 互换路径和选区
- ◉ 编辑图形
- ◉ 编辑路径
- ◉ 绘制图形

➡ 二维码教学视频

6.1　认识路径

路径是 Photoshop 中的重要工具，在绘图过程中，用户可以将路径转换为选区，或使用颜色填充路径和描边路径轮廓。

6.1.1　路径的特点

路径在 Photoshop 中是使用贝赛尔曲线所构成的一段闭合或者开放的曲线段，主要由钢笔类和形状类工具绘制而成，它与选区一样本身没有颜色和宽度，不会被打印出来。路径包括闭合路径和开放路径，闭合路径没有明显的起点和终点，如图 6-1 所示，开放路径则有明显的起点和终点，如图 6-2 所示。

图 6-1　闭合路径　　　　　　　　　　　图 6-2　开放路径

6.1.2　路径的结构

路径由锚点、线段和控制手柄 3 部分构成，直线型路径中的锚点无控制手柄，曲线型路径中的锚点由两个控制手柄来控制曲线的形状，如图 6-3 所示。

6.1.3　【路径】面板

路径的基本操作都是通过【路径】面板来进行的。选择【窗口】|【路径】命令，即可打开【路径】面板，如图 6-4 所示。

图 6-3　路径结构图　　　　　　　　　　图 6-4　【路径】面板

计算机基础与实训教材系列

6.2 绘制路径

在 Photoshop 中，可以使用【钢笔工具】 和【自由钢笔工具】 绘制路径图形。下面介绍【钢笔工具】 和【自由钢笔工具】 的具体应用。

6.2.1 使用钢笔工具

使用【钢笔工具】 可以绘制直线路径和曲线路径。使用【钢笔工具】 绘制的路径为平滑的曲线，在缩放或者变形曲线之后仍能保持平滑效果。

1．绘制直线

【钢笔工具】 属于矢量绘图工具，绘制出来的图形为矢量图形。使用【钢笔工具】 绘制直线段的方法较为简单，在画面中单击作为起点，然后到适当的位置再次单击即可绘制出直线路径。在工具箱中选择【钢笔工具】 ，其对应的工具属性栏如图 6-5 所示。

图 6-5 【钢笔工具】属性栏

【钢笔工具】属性栏中主要选项的作用如下。

▽ 路径 ：在该下拉列表框中有 3 种选项：形状、路径和像素，分别用于创建形状图层、工作路径和填充区域，选择不同的选项，属性栏中将显示相应的选项内容。

▽ 建立：选区... 蒙版 形状 ：该组按钮用于在创建选区后，将路径转换为选区或者形状等。

▽ ：该组按钮用于对路径的编辑，包括形状的合并、重叠、对齐方式以及前后顺序等。

▽ ☑自动添加/删除 ：该复选框用于设置是否自动添加或删除锚点。

【练习 6-1】绘制直线路径。

(1) 新建一个图像文件。选择工具箱中的【钢笔工具】 ，在其属性栏中选择工具模式为【路径】，然后在图像中单击鼠标左键作为路径起点，如图 6-6 所示。

(2) 移动光标到该线段的终点处单击，得到一条直线段路径，如图 6-7 所示。

图 6-6 单击鼠标指定路径起点

图 6-7 指定路径下一个点

(3) 移动光标至另一个适合的位置，单击鼠标继续指定路径下一个点，得到折线路径，如图 6-8 所示。

(4) 将光标移动到路径的起点处，单击鼠标即可完成闭合路径的绘制，如图 6-9 所示。

图 6-8　继续绘制路径　　　　　　　　图 6-9　直线段闭合路径

提示

在 Photoshop 中绘制直线路径时，按住 Shift 键可以绘制出水平、垂直和 45° 方向上的直线路径。

2. 绘制曲线

在使用【钢笔工具】 绘制直线段时，按住鼠标左键进行拖动，即可绘制出曲线路径，曲线路径的绘制比直线路径复杂一些，需要多加练习才能掌握绘制技巧。

【练习 6-2】绘制曲线路径。

(1) 使用【钢笔工具】 在图像中单击鼠标创建路径的起始点，然后移动光标单击并拖动鼠标指定路径的下一个点，并调整路径的控制手柄，如图 6-10 所示。

(2) 将光标移动到适当的位置并单击鼠标，可以指定路径的下一个点，并得到曲线路径，如图 6-11 所示。

图 6-10　调整路径的控制手柄　　　　　图 6-11　指定路径下一个点

(3) 创建另一段曲线路径，然后按住 Alt 键单击控制手柄中间的端点处，如图 6-12 所示，可以减去该端的控制柄，如图 6-13 所示。

单击手柄端点

图 6-12　单击控制柄端点　　　　　　　图 6-13　删除控制柄

计算机基础与实训教材系列

123

(4) 按住 Alt 键的同时，单击曲线路径的锚点，如图 6-14 所示，可以将平滑点变为角点，如图 6-15 所示。

图 6-14　单击路径的锚点　　　　　　　　图 6-15　平滑点变为角点

3. 使用橡皮带

【钢笔工具】属性栏中有一个【橡皮带】选项，使用该选项绘制路径时会出现预览状态。单击属性栏中的 ✿ 按钮，在弹出的面板中选中【橡皮带】复选框，如图 6-16 所示。在绘制路径时，可以看到在光标所到之处将出现预览的路径形状，如图 6-17 所示。

图 6-16　选中【橡皮带】复选框　　　　　　　图 6-17　绘制路径

> **提示**
>
> 在取消选中【橡皮带】复选框后，绘制路径时，需要指定路径的下一个锚点后才能预览路径的形状；在选中【橡皮带】复选框后，绘制路径时，移动光标就可以预览路径的形状。

6.2.2　使用自由钢笔工具

使用【自由钢笔工具】 可以在画面中随意绘制路径，就像使用铅笔在纸上绘图一样。在绘制过程中，将自动添加锚点，完成后还可以对路径形状做进一步的完善。

【练习 6-3】手动绘制路径。

(1) 打开【水晶.jpg】图像文件，如图 6-18 所示。

(2) 在工具箱中单击【钢笔工具】下拉按钮 ，在弹出的工具列表中选择【自由钢笔工具】 ，然后在画面中按住鼠标左键进行拖动，即可绘制路径，如图 6-19 所示。

图 6-18 打开素材图像

图 6-19 绘制路径

(3) 在工具属性栏中单击 ✿ 按钮，在弹出的面板中选中【磁性的】复选框，如图 6-20 所示，并设置【曲线拟合】以及磁性的【宽度】【对比】和【频率】等参数。

(4) 在图像中绘制路径，此时，光标处将显示一个磁铁图标，然后即可沿着图像颜色的边缘创建路径，如图 6-21 所示。

图 6-20 设置参数

图 6-21 绘制磁性路径

6.3 编辑路径

在创建路径时，如果不能达到理想状态，就需要对其进行编辑。路径的编辑主要包括复制与删除路径、添加与删除锚点、路径与选区的互换、填充和描边路径等。

6.3.1 使用路径选择工具

使用【路径选择工具】可以选择和移动整个子路径。单击工具箱中的【路径选择工具】，将光标移动到需要选择的路径上后单击，即可选中整个子路径，按住鼠标左键不放并进行拖动，即可移动路径。

6.3.2 使用直接选择工具

使用【直接选择工具】可以选取或移动某个路径中的部分路径。选择工具箱中的【直接选择工具】 ![pointer]，在图像中拖动鼠标框选所要选择的锚点，如图 6-22 所示，即可选择路径，被选中部分的锚点为黑色实心点，未被选中的路径锚点为空心，如图 6-23 所示。

图 6-22　框选锚点

图 6-23　选中的锚点

6.3.3　复制路径

如果在绘图过程中，需要使用多条相同的路径，可以先绘制好第一条路径，然后对其进行复制。

【练习 6-4】复制路径。

(1) 新建一个图像文件，绘制一个闭合的路径，然后打开【路径】面板，选择绘制的【工作路径】，如图 6-24 所示。

(2) 在【路径】面板中将【工作路径】拖动到【创建新路径】按钮 ![icon] 上，如图 6-25 所示，将【工作路径】转换为普通路径【路径 1】。

图 6-24　选择路径

图 6-25　转换路径

(3) 在【路径 1】上单击鼠标右键，在弹出的快捷菜单中选择【复制路径】命令，如图 6-26 所示。

(4) 在打开的【复制路径】对话框中为复制的路径命名，如图 6-27 所示。

图 6-26　选择命令

图 6-27　命名路径

(5) 在【复制路径】对话框中单击【确定】按钮，即可得到复制的路径，如图 6-28 所示。

(6) 将【路径 2】拖动到【路径】面板下方的【创建新路径】按钮 ![icon] 上，可以直接对路径进行复制，如图 6-29 所示。

图 6-28　复制路径

图 6-29　直接复制路径

6.3.4　删除路径

在绘图过程中，如果有多余的路径，可以将其删除。删除路径的方法和复制路径相似，主要包括以下几种方法。

▽ 选择要删除的路径，单击【路径】面板底部的【删除当前路径】按钮，打开提示对话框，选择【是】即可。

▽ 选择要删除的路径，将其拖到【路径】面板底部的【删除当前路径】按钮上。

▽ 选择要删除的路径，单击鼠标右键，在弹出的快捷菜单中选择【删除路径】命令。

6.3.5　重命名路径

在绘制图形时，常常会保留多个路径以便图形的修改，这就需要为路径重命名来增加其辨识度。双击需要重命名的路径，将其激活，如【路径 2】，如图 6-30 所示，然后输入新的路径名称并按 Enter 键进行确定即可，如图 6-31 所示。

图 6-30　双击路径名称

图 6-31　重命名路径

6.3.6　添加与删除锚点

通过路径锚点可以控制路径的平滑度，适当地添加或删除路径锚点有助于对路径进行编辑。

【练习 6-5】编辑路径上的锚点。

(1) 打开任意一幅图像文件，使用【钢笔工具】绘制一段曲线路径，如图 6-32 所示。

(2) 选择工具箱中的【添加锚点工具】，将鼠标指针移动到路径上单击，即可增加一个锚点，如图 6-33 所示。

图 6-32　绘制路径

图 6-33　添加锚点

(3) 继续添加锚点，拖动锚点或控制手柄，可以对路径进行调整，如图 6-34 所示。

(4) 如果需要删除多余的锚点，可以选择【钢笔工具】 或者【删除锚点工具】 ，将鼠标指针移动到要删除的锚点，然后单击锚点即可将其删除，如图 6-35 所示。

图 6-34　编辑路径

图 6-35　删除锚点

6.3.7　路径和选区的互换

在 Photoshop 中，可以将路径转换为选区，也可以将选区转换为路径，从而方便用户的绘图操作。

【练习 6-6】路径和选区的互换操作。

(1) 打开任意一幅图像文件，绘制好路径后，在【路径】面板中将自动显示工作路径，如图 6-36 所示。

(2) 单击【路径】面板右上方的 按钮，在弹出的菜单中选择【建立选区】命令，如图 6-37 所示。

图 6-36　显示路径

图 6-37　选择命令

(3) 在打开的【建立选区】对话框中保持对话框中的默认设置，如图 6-38 所示，单击【确定】按钮，即可将路径转换为选区，如图 6-39 所示。

图 6-38　【建立选区】对话框

图 6-39　创建的选区

(4) 将路径转换为选区后，再次单击【路径】面板右上方的 ▤ 按钮，在弹出的菜单中选择【建立工作路径】命令，如图 6-40 所示。

(5) 在打开的【建立工作路径】对话框中调整容差值可以设置选区转换为路径的精确度，如图 6-41 所示，然后单击【确定】按钮，即可将选区转换为路径。

图 6-40　选择命令

图 6-41　设置容差值

提示

单击【路径】面板下方的【从选区生成工作路径】按钮 ○ ，可以快速将选区转换为路径；单击【将路径作为选区载入】按钮 ⊠ ，可以快速将路径转换为选区。

6.3.8　填充路径

绘制好路径后，可以为路径填充颜色。路径的填充与选区的填充相似，可以使用颜色或图案填充路径内部的区域。

【练习 6-7】在路径内填充图案。

(1) 在【路径】面板中选中需要填充的路径，然后单击鼠标右键，在弹出的快捷菜单中选择【填充路径】命令，如图 6-42 所示。

(2) 在打开的【填充路径】对话框中可以设置用于填充的颜色和图案样式，如图 6-43 所示。

(3) 单击【确定】按钮，即可将图案填充到路径中，如图 6-44 所示。

计算机基础与实训教材系列

图 6-42　选择命令　　　　图 6-43　选择图案样式　　　　图 6-44　图案填充效果

6.3.9　描边路径

描边路径是沿着路径的轨迹绘制或修饰图像，在【路径】面板中单击【用画笔描边路径】 按钮可以快速为路径绘制边框。

【练习6-8】对路径进行描边。

(1) 在工具箱中设置好用于描边的前景色(如蓝色)。然后选择【画笔工具】 ，在属性栏中设置好画笔大小、不透明度和笔尖形状等各项参数，如图 6-45 所示。

图 6-45　设置【画笔工具】属性栏

(2) 在【路径】面板中选择需要描边的路径，然后单击鼠标右键，在弹出的快捷菜单中选择【描边路径】命令。

(3) 打开【描边路径】对话框，在【工具】下拉列表中选择【画笔】选项，如图 6-46 所示，然后单击【确定】按钮回到画面中，得到图像的描边效果，如图 6-47 所示。

图 6-46　选择【画笔】选项　　　　图 6-47　路径描边效果

6.4　绘制图形

在运用 Photoshop 处理图像的过程中，常常需要绘制一些基本图形，如人物、动物、植物以及其他常见符号。Photoshop 提供了大量的形状工具，可以帮助用户快速准确地绘制出相应的图形。Photoshop 自带了多种形状绘制工具，包括【矩形工具】【圆角矩形工具】【椭圆工具】【多边形工具】【直线工具】和【自定形状工具】，如图 6-48 所示。

图 6-48 形状工具

6.4.1 使用矩形工具

使用【矩形工具】可以绘制任意方形或具有固定长宽的矩形形状，并且可以为绘制后的形状添加一种特殊样式，在工具箱中选择【矩形工具】，然后在工具属性栏的工具模式下拉列表框中选择【形状】选项，其属性栏选项如图 6-49 所示。

图 6-49 【矩形工具】属性栏

【矩形工具】属性栏中主要选项的作用如下。

▽ 工具模式 形状 ：在该下拉列表框中可以选择绘图方式，其中包括【路径】【形状】和【像素】3 种方式。选择【形状】选项可以在绘制图形的同时创建一个形状图层，如图 6-50 和图 6-51 所示；选择【路径】选项可以直接绘制路径；选择【像素】选项可以在图像中绘制图形，如同使用【画笔工具】在图像中填充颜色一样。

图 6-50 绘制矩形

图 6-51 形状图层

▽ 填充：单击该选项后面的色块，将弹出相应的面板，在其中可以选择填充的颜色，以及填充的类型，包括无颜色、纯色、渐变和图案，如图 6-52 所示，单击面板右上角的【拾色器】按钮可以打开【拾色器(填充颜色)】对话框设置自定义颜色，如图 6-53 所示。

图 6-52 填充面板

图 6-53 自定义颜色

▽ 描边：单击该选项后面的色块，将弹出一个颜色面板，在其中可以设置描边的颜色和类型，包括无颜色、纯色、渐变和图案。

▽ 1像素 ⌄ ：用户可以直接在该文本框中设置形状描边的宽度，单击该按钮，可以通过拖动滑块设置宽度。

▽ ▭ ⌄ ：单击该按钮，用户可以在打开的面板中设置形状描边的类型，如图 6-54 所示，在面板中可以选择描边类型、对齐方式，端点和角点的方式，单击【更多选项】按钮，可以在打开的【描边】对话框中设置更加精确的选项，如图 6-55 所示。

图 6-54 描边选项

图 6-55 【描边】对话框

6.4.2 使用圆角矩形工具

使用【圆角矩形工具】⬭ 可以绘制具有圆角半径的矩形形状，其工具属性栏与【矩形工具】◻ 相似，只是增加了一个【半径】文本框，该选项主要用于设置圆角矩形的圆角半径的大小，如图 6-56 所示，设置【半径】参数为 3 像素，绘制出的圆角矩形如图 6-57 所示。

图 6-56 【圆角矩形工具】属性栏

6.4.3 使用椭圆工具

使用【椭圆工具】⬭ 可以绘制正圆或椭圆形状，它与【矩形工具】◻ 对应工具属性栏中的参数设置相同，在属性栏中设置描边选项为渐变，然后设置描边宽度为 12，绘制的椭圆形效果如图 6-58 所示。

图 6-57 圆角矩形形状

图 6-58 椭圆形状

6.4.4　使用多边形工具

使用【多边形工具】⬡可以绘制具有不同边数的多边形形状，如图 6-59 所示，在工具属性栏中单击✿按钮，在弹出的面板中可以设置多边形的形状，如图 6-60 所示。

图 6-59　多边形形状

图 6-60　【多边形工具】属性栏

6.4.5　使用直线工具

使用【直线工具】╱可以绘制具有不同粗细的直线形状，还可以根据需要为直线增加单向或双向箭头，其工具属性栏如图 6-61 所示。

▽ 粗细：用于设置线的宽度。

▽ 起点/终点：如果要绘制带箭头的直线，则应选中对应的复选框。选中【起点】复选框，表示箭头产生在直线起点，选中【终点】复选框，则表示箭头产生在直线末端，如图 6-62 所示。

▽ 宽度/长度：用来设置箭头的宽度和长度的比例。

▽ 凹度：用来定义箭头的尖锐程度。

图 6-61　【直线工具】属性栏

图 6-62　绘制直线形状

6.4.6　使用自定形状工具

使用【自定形状工具】🐾可以绘制系统自带的不同形状，例如，花卉、动物和植物等，大大降低了绘制复杂形状的难度。

选择【自定形状工具】🐾，其工具属性栏如图 6-63 所示，单击【形状】右侧的三角形按钮，在其下拉列表框中包含了 4 种形状组，选择一种形状，并设置使用样式、绘制方式和颜色等参数，然后在图像窗口中单击并拖动即可绘制选择的形状，如图 6-64 所示。

图 6-63　【自定形状工具】属性栏　　　　　　　　图 6-64　绘制花朵图形

6.5　编辑图形

为了更好地使用创建的形状对象,在创建好形状图层后可以对其进行再编辑,例如,改变其形状、重新设置其颜色,或者将其转换为普通图层等。

6.5.1　改变形状图层的颜色

绘制一个形状图层后,在【图层】面板中将显示一个形状图层,并在图层缩略图中显示矢量蒙版缩略图,该矢量蒙版缩略图会显示所绘制的形状和颜色,并在缩略图右下角显示形状图标,如图 6-65 所示,双击该图标可以在打开的【拾色器(纯色)】对话框中为形状设置新的颜色,如图 6-66 所示。

图 6-65　形状图层　　　　　　　　　　　　　　图 6-66　修改颜色

6.5.2　栅格化形状图层

由于形状图层具有矢量特征,使得用户在该图层中无法使用像对像素一样进行处理的各种工具,如【画笔工具】【渐变工具】【加深工具】【模糊工具】等。因此,要对形状图层中的图像进行处理,首先就需要将形状图层转换为普通图层。

在【图层】面板中用鼠标右键单击形状图层右侧的空白处,然后在弹出的快捷菜单中选择【栅格化图层】命令,如图 6-67 所示,即可将形状图层转换为普通图层,此时,形状图层右下角的形状图标将消失,如图 6-68 所示。

图 6-67　选择命令

图 6-68　栅格化图层

6.6　实例演练

本节将综合应用所学的路径和形状知识，包括绘制路径、编辑路径以及绘制图形等应用，练习制作杂志封面和淘宝男鞋广告。

6.6.1　绘制杂志封面

本实例将应用本章所学的知识绘制杂志封面，巩固【钢笔工具】和【形状工具】的应用，实例效果如图 6-69 所示。

图 6-69　实例效果

本实例的具体操作步骤如下。

(1) 选择【文件】|【新建】命令，打开【新建文档】对话框，在对话框右侧设置文件名称为"杂志封面"、宽度为 20 厘米、高度为 20 厘米，其他参数设置如图 6-70 所示，单击【创建】按钮。

(2) 设置前景色为灰色(R210,G210,B210)，按 Alt+Delete 组合键填充背景颜色，效果如图 6-71 所示。

计算机基础与实训教材系列

图 6-70　新建文件

图 6-71　填充背景

(3) 首先来绘制封面图像。新建【图层 1】图层，选择【矩形选框工具】，在画面右侧绘制一个矩形选区，填充为白色，如图 6-72 所示。

(4) 设置前景色为淡绿色(R216,G237,B222)，选择【钢笔工具】，在属性栏中选择工具模式为【形状】，然后在白色图像右下方绘制一个梯形，如图 6-73 所示。

图 6-72　绘制白色矩形

图 6-73　绘制形状

(5) 这时【图层】面板中将自动添加一个形状图层，选择【图层】|【创建剪贴蒙版】命令，得到剪贴图层，如图 6-74 所示，淡绿色图形边缘将被隐藏起来，如图 6-75 所示。

图 6-74　剪贴图层

图 6-75　隐藏的图形效果

(6) 设置前景色为草绿色(R184,G234,B219)，选择【多边形工具】，在属性栏中选择工具模式为【形状】，设置【边】为 3，然后在封面右下方绘制一个三角形，如图 6-76 所示。

(7) 按 Alt+Ctrl+G 组合键为其创建剪贴蒙版，将隐藏多余的三角形图像，如图 6-77 所示。

计算机基础与实训教材系列

图 6-76　绘制三角形

图 6-77　隐藏多余的图像

(8) 使用【多边形工具】⬡，在白色封面图像中再绘制其他三角形，填充为不同深浅的绿色，得到如图 6-78 所示的效果。

(9) 选择【钢笔工具】✎，设置工具模式为形状，在图像中绘制一个多边形形状，填充为灰色，如图 6-79 所示，

图 6-78　绘制多个图形

图 6-79　绘制灰色图形

(10) 打开【饮料.jpg】素材图像，使用【移动工具】✛将其拖曳到当前编辑的图像中，适当调整图像大小，并对其应用剪贴图层，使其覆盖灰色图形，效果如图 6-80 所示。

(11) 使用【多边形工具】⬡在画面左上方绘制两个三角形，再使用【矩形工具】▭绘制一个矩形，然后按 Ctrl+T 组合键将其调整为倾斜状态，填充为不同深浅的绿色，并适当调整三角形的不透明度，效果如图 6-81 所示。

图 6-80　添加素材图像

图 6-81　绘制图形

(12) 新建一个图层，设置前景色为深绿色(R3,G60,B90)。然后选择【矩形工具】▢，使用其形状工具模式绘制一个矩形，如图 6-82 所示。

(13) 在【图层】面板中适当降低图层的不透明度为 60%，得到透明矩形效果，如图 6-83 所示。

(14) 使用【横排文字工具】 T. 在透明矩形中输入中英文两行文字，在属性栏中设置字体为【方正大标宋简体】，将文字填充为白色，然后适当调整文字大小，效果如图 6-84 所示。

图 6-82　绘制矩形　　　　图 6-83　降低图层的不透明度　　　　图 6-84　输入文字

(15) 选择【图层】|【图层样式】|【投影】命令，打开【图层样式】对话框，设置投影颜色为黑色，其他参数设置如图 6-85 所示。进行确定后，得到文字的投影效果如图 6-86 所示。

图 6-85　设置投影参数　　　　图 6-86　文字投影效果

(16) 继续在封面中添加文字内容，分别填充为白色和绿色(R16,G123,B129)，设置字体为方正大标宋简体，效果如图 6-87 所示。

(17) 选择封面上方的文字，在【图层】面板中降低其不透明度为 30%，效果如图 6-88 所示。

图 6-87　输入其他文字　　　　图 6-88　降低不透明度

(18) 选择【钢笔工具】 ，在属性栏中选择工具模式为【形状】，设置颜色为白色，然后在文字中绘制一个箭头图形，如图 6-89 所示。

(19) 下面开始绘制封底图像。选择【图层 1】，按 Ctrl+J 组合键复制一次图层，将得到的白色矩形向左侧移动，如图 6-90 所示。

图 6-89　绘制箭头

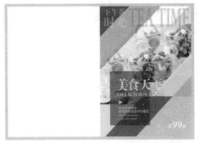

图 6-90　复制图层

(20) 选择部分封面图像中的三角形和多边形图像，然后将其复制到封底图像中，并按 Alt+Ctrl+G 组合键为其创建剪贴蒙版，效果如图 6-91 所示。

(21) 选择【横排文字工具】 ，在封底图像中输入文字，在属性栏中设置字体为【方正大标宋简体】，填充为灰色，效果如图 6-92 所示。

图 6-91　创建剪贴蒙版

图 6-92　输入文字

(22) 按住 Ctrl 键选择所有封面图像所在图层，然后按 Ctrl+E 组合键合并图层，将其命名为【封面】；再选择封底图像所在图层，按 Ctrl+G 组合键得到图层组，将其命名为【封底】，并隐藏【封底】图层组，如图 6-93 所示。

(23) 选择【封面】图层，按 Ctrl 键载入该图像选区。然后创建一个新的图层，选择【渐变工具】 ，设置颜色为黑白灰渐变色，对选区进行线性渐变填充，效果如图 6-94 所示。

图 6-93　合并图层

图 6-94　渐变填充

(24) 在【图层】面板中设置该图层的混合模式为【正片叠底】，不透明度为 25%，图像效果如图 6-95 所示。

计算机基础与实训教材系列

(25) 双击【封面】图层，打开【图层样式】对话框，选择【投影】样式，设置投影颜色为黑色，其他参数设置如图 6-96 所示。

(26) 单击【确定】按钮，得到投影效果，再按 Ctrl+T 组合键适当旋转图像，然后对图像进行复制，完成本例的制作，效果如图 6-97 所示。

图 6-95　图像效果　　　　图 6-96　设置投影参数　　　　图 6-97　图像效果

6.6.2　绘制淘宝男鞋广告

本实例将结合【钢笔工具】和【形状工具】的使用，制作一个淘宝男鞋广告，实例效果如图 6-98 所示。

图 6-98　实例效果

本实例的具体操作步骤如下。

(1) 选择【文件】|【新建】命令，打开【新建文档】对话框，在右侧的【预设详细信息】下方设置文件名称为【淘宝男鞋广告】，【宽度】和【高度】为 1587 像素×600 像素，如图 6-99 所示，单击【创建】按钮。

(2) 设置前景色为浅灰色，按 Alt+Delete 组合键填充背景，效果如图 6-100 所示。

图 6-99　新建文件　　　　　　　　　图 6-100　填充背景

(3) 选择【矩形工具】　，在属性栏中选择工具模式为【形状】，设置填充为蓝色
(R96,G196,B228)、描边为无，然后在图像右上方绘制一个矩形，如图 6-101 所示，这时将在【图
层】面板中自动生成一个形状图层，如图 6-102 所示。

图 6-101　绘制矩形

图 6-102　形状图层

(4) 选择【钢笔工具】　，在属性栏中选择工具模式为【形状】，设置填充为黄色
(R246,G213,B84)、描边为无，然后在蓝色矩形左侧绘制一个梯形，如图 6-103 所示。

(5) 选择【图层】|【图层样式】|【投影】命令，打开【图层样式】对话框，设置投影为黑色，
其他参数如图 6-104 所示。

图 6-103　绘制黄色图形

图 6-104　应用投影样式

(6) 单击【确定】按钮，黄色梯形将得到投影效果，如图 6-105 所示。

图 6-105　图像投影效果

(7) 打开【鞋子.psd】素材图像，使用【移动工具】　将素材图像拖曳到当前编辑的图像中，
参照如图 6-106 所示的样式进行排列。

图 6-106　添加素材图像

(8) 选择【钢笔工具】 在黑色鞋底绘制不规则路径，如图 6-107 所示。

(9) 按 Ctrl+Enter 组合键将路径转换为选区，然后使用【渐变工具】 对选区进行黑色到透明的线性渐变填充，效果如图 6-108 所示。

(10) 使用相同的方法，在鞋子后跟处绘制一个投影选区，并进行渐变填充，效果如图 6-109 所示。

图 6-107　绘制路径　　　　　图 6-108　填充颜色　　　　　图 6-109　填充颜色

(11) 使用【横排文字工具】 在画面左上方输入文字，在属性栏中设置字体为【黑体】和【粗黑简体】，并填充为黑色，效果如图 6-110 所示。

图 6-110　输入文字

(12) 选择【钢笔工具】 ，在属性栏中选择工具模式为【形状】，设置填充为无、描边为白色、宽度为 2 像素，在价格文字的两侧绘制白色折线，如图 6-111 所示。

图 6-111　绘制折线

(13) 使用【矩形工具】 在价格文字下方绘制一个红色矩形，然后在其中输入文字，并填充文字为白色，效果如图 6-112 所示。

图 6-112　输入文字

(14) 打开【圆球和树叶.psd】素材图像，使用【移动工具】 ⊕ 将圆球和树叶图像分别拖曳过来，放到画面左侧，如图 6-113 所示，完成本实例的制作。

图 6-113　最终效果

6.7　习题

一、填空题

1. 路径是使用贝赛尔曲线所构成的一段闭合或者开放的曲线段，主要由_____绘制而成。
2. 路径由_____ 、_____ 、_____ 3 部分构成。
3. 使用_____可以选择和移动整个子路径；使用_____可以选取或移动某个路径中的部分路径。

二、选择题

1. 在 Photoshop 中，可以使用以下哪些工具绘制路径(　　)。
   A. 钢笔工具　　　　　　　　　B. 自由钢笔工具
   C. 铅笔工具　　　　　　　　　D. 形状工具
2. 形状工具中包括以下哪些工具(　　)。
   A. 矩形工具　　　　　　　　　B. 椭圆工具
   C. 直线工具　　　　　　　　　D. 自定形状工具

三、操作题

使用【自定形状工具】【钢笔工具】【填充工具】等绘制如图 6-114 所示的卡通图像。

图 6-114　绘制小熊图形

第7章

绘制与修饰图像

本章将学习图像绘制与修饰的操作，掌握 Photoshop 的绘图和修饰图像功能。用户利用 Photoshop 中的修饰功能可以修复画面中的污渍、去除多余图像、复制图像以及对图像局部颜色进行处理等。

 本章重点

- 使用画笔工具
- 修饰图像

- 使用图章工具
- 修复图像

 二维码教学视频

【练习 7-1】使用特殊画笔绘制图像　　　　【练习 7-2】设置画笔样式
【练习 7-3】复制小鸟　　　　　　　　　　【练习 7-4】填充图案背景
【练习 7-5】使用【仿制源】面板绘制图像　【练习 7-6】绘制火焰
【实例演练】去除面部皱纹　　　　　　　　【实例演练】制作魔法双胞胎

7.1　绘制图像

Photoshop 提供了强大的绘图工具，通过这些工具用户可以制作出各种创意图像。其中包括画笔工具和铅笔工具。

7.1.1　使用画笔工具

在使用【画笔工具】绘制图像的操作中，可以通过各种方式设置画笔的大小、样式、模式、不透明度、硬度等。单击工具箱中的【画笔工具】按钮 ，可以在其对应的工具属性栏中设置参数，如图 7-1 所示。

图 7-1　【画笔工具】属性栏

【画笔工具】属性栏中常用选项的作用如下。

▽ 画笔：用于选择画笔样式和设置画笔的大小。

▽ 模式：用于设置画笔工具对当前图像中像素的作用形式，即当前使用的绘图颜色与原有底色之间进行混合的模式。

▽ 不透明度：用于设置画笔颜色的不透明度，数值越大，不透明度越高。

▽ 流量：用于设置画笔工具的压力大小，百分比越大，则画笔笔触越浓。

▽ 按钮：单击该按钮，会弹出画笔设置面板。

▽ 按钮：单击该按钮时，画笔工具会以喷枪的效果进行绘图。

1. 使用画笔工具绘制图像

使用【画笔工具】 可以创建较柔和或坚硬的笔触，绘制出的图像能产生毛笔绘画的效果。

【练习 7-1】使用特殊画笔绘制图像。

(1) 打开【黑夜.jpg】图像文件，如图 7-2 所示。选择工具箱中的【画笔工具】 ，单击属性栏中【画笔】右侧的三角形按钮 ，打开【画笔预设选取器】面板，该面板中包含了所有的画笔样式，并自动按类别分类，单击某一画笔类型，即可展开该类画笔，选择【特殊效果画笔】选项，即可显示该类画笔，如图 7-3 所示。

图 7-2　新建文档

图 7-3　选择画笔

计算机基础与实训教材系列

【画笔预设选取器】面板中常用选项的作用如下。

▽ 【大小】选项：用于设置画笔笔头的大小，可拖动其底部滑动条上的滑块或输入数字来改变画笔大小。

▽ 【硬度】选项：用于设置画笔边缘的硬化程度。

(2) 选择第二类的【喷溅画笔】画笔，再适当调整画笔大小，如图 7-4 所示。

(3) 设置前景色为浅黄色，使用【画笔工具】 ✐ 在图像天空中按住鼠标左键拖动，即可得到绘制的喷溅画笔图像效果，如图 7-5 所示。

图 7-4　选择画笔样式

图 7-5　绘制的图像效果

2. 设置画笔样式

在 Photoshop 中，还可以对【画笔工具】 ✐ 进行自定义设置，以满足个人绘图的需要。选择【画笔工具】 ✐，并单击属性栏右侧的【切换画笔面板】按钮 ，或选择【窗口】|【画笔】命令，打开【画笔设置】面板，在面板中可以设置画笔的笔尖形状、直径大小等。

【练习 7-2】设置画笔样式。

(1) 打开【树叶.jpg】图像文件，如图 7-6 所示。选择【画笔工具】 ✐，单击属性栏左侧的【切换"画笔设置"面板】按钮 ，打开【画笔设置】面板，单击【画笔笔尖形状】选项，如图 7-7 所示。

图 7-6　打开素材图像

(2) 选择一个画笔样式，如【柔角】，在【大小】中设置笔尖大小为 100 像素，然后设置【间距】为 90％，这时可以在缩览图中观察画笔变化，如图 7-8 所示。

图 7-7　【画笔设置】面板　　　　　　　图 7-8　设置画笔大小和间距

(3) 选择【形状动态】选项，在相应的选项中设置画笔笔迹的变化，调整画笔抖动的大小以及角度和圆度等，如图 7-9 所示，然后在画面中拖动画笔即可绘制出如图 7-10 所示的图像。

图 7-9　设置形状动态选项　　　　　　　图 7-10　绘制图像

(4) 选择【散布】选项，设置画笔笔迹的分布和密度，在【画笔设置】面板中调整【散布】和【数量抖动】等参数，如图 7-11 所示，然后在画面中拖动画笔即可绘制出如图 7-12 所示的图像。

图 7-11　设置散布选项　　　　　　　图 7-12　绘制图像

计算机基础与实训教材系列

(5) 连续按 Ctrl+Z 组合键撤销操作。选择【双重画笔】选项，可以设置两种画笔的混合效果。首先在【画笔笔尖形状】中设置主要笔尖的选项，然后在【双重画笔】选项中设置次要笔尖的选项，如选择主要笔尖样式为【柔角】，在【双重画笔】中选择画笔样式为【喷溅】并设置参数，如图 7-13 所示，在画面中拖动鼠标绘制图像，得到的效果如图 7-14 所示。

图 7-13　设置双重画笔选项

图 7-14　绘制图像

7.1.2　使用铅笔工具

【铅笔工具】 的使用与现实生活中的铅笔绘图相同，绘制出的线条效果比较生硬，主要用于直线和曲线的绘制，其操作方式与画笔工具相同。不同的是在工具属性栏中增加了一个【自动抹除】参数设置，如图 7-15 所示。

图 7-15　【铅笔工具】属性栏

选择工具箱中的【铅笔工具】 ，单击属性栏左侧的三角形按钮打开面板，其中的画笔样式与【画笔工具】 一样，如图 7-16 所示。设置前景色为黑色，在画面中按住鼠标拖动，即可绘制图像，效果如图 7-17 所示。

图 7-16　设置画笔形态

图 7-17　绘制图像

> **提示**
>
> 当选中【自动抹除】复选框，【铅笔工具】 具有擦除功能，即在绘制过程中笔头经过与前景色一致的图像区域时，将自动擦除前景色而填入背景色。

7.2　使用图章工具

图章工具组包括两个工具，分别是【仿制图章工具】🔖和【图案图章工具】🔖，通过它们可以使用颜色或图案填充图像或选区，将图像进行复制或替换。

7.2.1　使用仿制图章工具

使用【仿制图章工具】🔖可以从图像中取样，然后将取样图像复制到其他的图像或同一图像的其他部分中。单击工具箱中的【仿制图章工具】按钮🔖，在属性栏中可以设置图章的画笔大小、不透明度、模式和流量等参数，如图 7-18 所示。

图 7-18　【仿制图章工具】属性栏

【练习 7-3】复制小鸟。

(1) 打开【小鸟.jpg】图像文件，如图 7-19 所示。

(2) 选择【仿制图章工具】🔖，将光标移至小鸟头部，然后按住 Alt 键，当光标变成⊕形状时，单击鼠标左键进行图像取样，如图 7-20 所示。

图 7-19　打开图像

图 7-20　取样图像

(3) 释放 Alt 键，将光标移动到图像左侧适当的位置，单击并拖动鼠标即可复制小鸟，如图 7-21 所示。

(4) 继续单击并拖动鼠标，完成小鸟图像的复制，效果如图 7-22 所示。

图 7-21　复制图像

图 7-22　复制结果

7.2.2　使用图案图章工具

使用【图案图章工具】 ✖️ 可以将 Photoshop 提供的图案或自定义的图案应用到图像中。单击工具箱中的【图案图章工具】 ✖️ ，其工具属性栏如图 7-23 所示。

图 7-23　【图案图章工具】属性栏

【图案图章工具】属性栏中主要选项的作用如下。

▽　图案拾色器：单击图案缩览图右侧的三角形按钮打开图案拾色器，可选择所应用的图案样式。

▽　印象派效果：选中此复选框时，绘制的图案具有印象派绘画的抽象效果。

【练习 7-4】填充图案背景。

(1) 打开【足球.jpg】图像文件，如图 7-24 所示。

(2) 单击工具箱中的【图案图章工具】 ✖️ ，然后在工具属性栏中单击【图案拾色器】右侧的三角形按钮，在打开的面板中选择一种图案，如选择【草-秋天】，如图 7-25 所示，

图 7-24　打开图像

图 7-25　选择图案

(3) 在背景图像中绘制出选择的图案，效果如图 7-26 所示。

(4) 在工具属性栏中选中【印象派效果】复选框，在画面上方拖动鼠标后得到的图像效果如图 7-27 所示。

图 7-26　图像效果

图 7-27　印象派效果

7.2.3　自定义图案

除了可以使用 Photoshop 中预设的图案样式外，还可以自定义图案。选择【编辑】|【定义图案】命令，即可打开【图案名称】对话框，如图 7-28 所示。在【名称】右侧的文本框中输入图案名称，然后单击【确定】按钮，即可自定义一个图案，在【图案图章工具】 ![icon] 属性栏的图案列表框中可以找到自定义的图案，如图 7-29 所示。

图 7-28　定义图案　　　　　　　　　　　　　　图 7-29　自定义的图案

7.3　应用【仿制源】面板

【仿制源】面板是和仿制图章工具或修复画笔工具配合使用的，允许定义五个采样点。使用【仿制源】面板可以进行重叠预览，提供具体的采样坐标，还可以在面板中对仿制源进行移位缩放、旋转以及混合等编辑操作。

【练习 7-5】使用【仿制源】面板绘制图像。

(1) 打开【花朵.jpg】和【咖啡.jpg】图像文件，如图 7-30 和图 7-31 所示。

图 7-30　花朵图像　　　　　　　　　　　　图 7-31　咖啡图像

(2) 选择【窗口】|【仿制源】命令，打开【仿制源】面板，然后选择【仿制图章工具】 ![icon]，按住 Alt 键在花朵图像中单击红色花瓣，定义取样点，如图 7-32 所示。这时在【仿制源】面板中会出现取样点文档的名称，如图 7-33 所示。

图 7-32　取样图像

图 7-33　【仿制源】面板

(3) 在【仿制源】面板中单击未使用的按钮，如图 7-34 所示，然后按住 Alt 键在咖啡图像中单击中间的咖啡杯图像，进行第二次取样，如图 7-35 所示。

图 7-34　再次取样

图 7-35　单击图像

(4) 设置好两个采样点后，开始对图像进行复制操作。在【仿制源】面板中选择第一个采样点，然后切换到咖啡图像中单击鼠标左键，即可将花朵图像复制到咖啡图像中，如图 7-36 所示。

(5) 按 Ctrl+Z 组合键后退操作。在【仿制源】面板中选择第二个采样点，然后切换到花朵图像中，单击鼠标左键，即可将咖啡杯中的图像复制到花朵图像中，如图 7-37 所示。

图 7-36　复制花朵图像

图 7-37　复制咖啡图像

7.4　修饰图像

Photoshop 提供了多种图像修饰工具，使用它们对图像进行修饰将会让图像更加完美，更富艺术性。常用的图像修饰工具都位于工具箱中，包括模糊工具组和减淡工具组中的工具。

7.4.1 使用模糊工具

使用【模糊工具】 可以对图像进行模糊处理，使图像中的色彩过渡平滑，从而使图像产生模糊的效果。选择工具箱中的【模糊工具】 ，其属性栏如图 7-38 所示。

图 7-38 【模糊工具】属性栏

【模糊工具】属性栏中主要选项的作用如下。

▽ 模式：用于选择模糊图像的模式。

▽ 强度：用于设置模糊的压力程度。数值越大，模糊效果越明显；数值越小，模糊效果越弱。

打开一幅需要进行模糊处理的素材图像，如图 7-39 所示。然后选择工具箱中的【模糊工具】 ，在属性栏中设置好选项后，在画面中拖动鼠标进行涂抹，鼠标所涂抹过的部分将得到模糊效果，如图 7-40 所示。

图 7-39 素材图像

图 7-40 模糊图像

7.4.2 使用锐化工具

【锐化工具】 的作用与【模糊工具】 刚好相反，使用【锐化工具】 可以增大图像中的色彩反差。【锐化工具】属性栏与【模糊工具】属性栏相似，如图 7-41 所示。

图 7-41 【锐化工具】属性栏

打开一幅需要进行锐化处理的素材图像，如图 7-42 所示。选择【锐化工具】 ，使用鼠标在图像中进行拖动，可以得到锐化效果，如图 7-43 所示。

图 7-42 素材图像

图 7-43 锐化后的效果

7.4.3　使用涂抹工具

使用【涂抹工具】可以模拟在湿的颜料画布上涂抹而使图像产生的变形效果，其使用方法与【模糊工具】一样。

【练习 7-6】绘制火焰。

(1) 打开【壁炉.jpg】图像文件，效果如图 7-44 所示。

(2) 选择工具箱中的【涂抹工具】，在工具属性栏中按如图 7-45 所示进行设置。

图 7-44　素材图像　　　　　　　　　　　图 7-45　设置工具属性栏

(3) 使用鼠标单击火焰图像，然后按住鼠标向左上方拖动，得到涂抹变形的图像效果，如图 7-46 所示。

(4) 继续在火焰图像上单击并拖动，完成图像的涂抹修改，得到的效果如图 7-47 所示。

图 7-46　涂抹火焰图像　　　　　　　　　　图 7-47　最终的图像效果

> **提示**
>
> 在使用【涂抹工具】时，应注意画笔大小的调整，通常画笔越大，系统所运行的时间越长，但涂抹出来的图像区域也越大。

7.4.4　使用减淡工具

使用【减淡工具】可以提高图像中色彩的亮度，常用来增加图像的亮度，主要是根据照片特定区域曝光度的传统摄影技术原理使图像变亮的。选择【减淡工具】，在属性栏中可以设置画笔的大小、范围和曝光度，如图 7-48 所示。

图 7-48　【减淡工具】属性栏

【减淡工具】属性栏中主要选项的作用如下。

▽ 范围：用于设置图像颜色提高亮度的范围，其下拉列表框中有三个选项：【中间调】表示更改图像中颜色呈灰色显示的区域；【阴影】表示更改图像中颜色显示较暗的区域；【高光】表示只对图像颜色显示较亮的区域进行更改。

▽ 曝光度：用于设置应用画笔时的力度。

【练习 7-7】提升图像的色彩亮度。

(1) 打开【猫.jpg】图像文件，效果如图 7-49 所示，下面将对图像中的背景做减淡处理。

(2) 选择【减淡工具】 ，在属性栏中设置好画笔大小和曝光度，然后在图像左上方和右下方多次单击并拖动，单击后的图像将逐渐变淡，效果如图 7-50 所示。

图 7-49　素材图像

图 7-50　减淡后的图像

7.4.5　使用加深工具

【加深工具】 用于降低图像的曝光度。其作用与【减淡工具】 的作用相反，参数设置方法与【减淡工具】 相同。

例如，选择【加深工具】 ，在如图 7-51 所示的图像上单击并拖动鼠标，即可对图像进行加深处理，效果如图 7-52 所示。

图 7-51　素材图像

图 7-52　加深图像

7.4.6　使用海绵工具

使用【海绵工具】 可以精确地更改图像区域中的色彩饱和度，产生像海绵吸水一样的效果，从而使图像失去光泽感。选择工具箱中的【海绵工具】，其属性栏如图 7-53 所示。

图 7-53　【海绵工具】属性栏

【练习 7-8】调整图像的饱和度。

(1) 打开【鲜花.jpg】素材图像，如图 7-54 所示。

(2) 选择工具箱中的【海绵工具】，在工具属性栏中的【模式】下拉列表框中选择【去色】选项，设置【流量】为 60％。如图 7-55 所示。

图 7-54　素材图像　　　　　　　　　　图 7-55　设置工具属性

(3) 使用【海绵工具】在图像中间的花朵中单击并拖动鼠标，降低花朵图像的饱和度，效果如图 7-56 所示。

(4) 按 F12 键将图像恢复到原始状态，在工具属性栏中重新设置【模式】为【加色】，然后在中间的花朵图像上拖动光标，加深花朵图像的颜色，效果如图 7-57 所示。

图 7-56　降低图像的饱和度　　　　　　图 7-57　加深图像的饱和度

7.5　修复图像

Photoshop 提供了多种图像修复工具，使用它们可以修复画面中的污渍、去除多余图像以及对图像进行复制等。常用的图像修复工具包括【修补工具】【污点修复画笔工具】【修复画笔工具】【内容感知移动工具】【红眼工具】等。

7.5.1　使用修补工具

使用【修补工具】 可以修补图像中的缺陷，它是一种非常实用的修复工具。使用【修补工具】时必须要建立选区，在选区范围内修补图像，该工具是通过复制功能对图像进行操作。选择工具箱中的【修补工具】，其属性栏如图 7-58 所示。

图 7-58　【修补工具】属性栏

【修补工具】属性栏中主要选项的作用如下。

▽ 修补：如果用户选择【源】选项，在修补选区内显示原位置的图；选择【目标】选项，修补区域的图像被移动后，使用选择区域内的图像进行覆盖。

▽ 透明：选中该复选框，设置应用透明的图案。

▽ 使用图案：当图像中建立了选区后此项即可被激活。在选区中应用图案样式后，可以保留图像原来的质感。

【练习 7-9】去除照片中的乱石。

(1) 打开【海边.jpg】素材图像，如图 7-59 所示。

(2) 选择【修补工具】，在其属性栏中选择【源】选项，选择海边图像其中的一个乱石图像，按住鼠标左键进行拖动，绘制出一个选区，如图 7-60 所示。

图 7-59　照片素材

图 7-60　绘制选区

> **提示**
>
> 在使用【修补工具】创建选区时，其操作方式与【套索工具】相同。此外，还可以通过【矩形选框工具】和【椭圆选框工具】等选区工具在图像中创建选区，再使用【修补工具】进行修复。

(3) 将光标置于选区中，按住鼠标将选区拖动到附近相似的图像位置，如图 7-61 所示。

(4) 释放鼠标后，复制的图像将与背景图像自然地融合在一起，得到的图像效果如图 7-62 所示。

图 7-61　拖动选区

图 7-62　修补后的图像

计算机基础与实训教材系列

(5) 继续使用【修补工具】🔲框选另一个乱石图像，按住鼠标将选区拖动到附近相似的图像位置，如图 7-63 所示。

(6) 执行相同的操作，使用【修补工具】🔲修补照片中的其他乱石，效果如图 7-64 所示。

图 7-63　修补其他乱石图像

图 7-64　完成效果

7.5.2　使用污点修复画笔工具

使用【污点修复画笔工具】✏️可以移去图像中的污点。它能取样图像中某一点的图像，将该图像覆盖到需要应用的位置，在复制时，能将样本像素的纹理、光照、不透明度和阴影与所修复的像素相匹配，从而产生自然的修复效果。【污点修复画笔工具】不需要指定基准点，能自动从所修饰区域的周围进行像素的取样。

在工具箱中按住【修补工具】🔲下拉按钮，在弹出的工具列表中选择【污点修复画笔工具】✏️，其属性栏如图 7-65 所示。

图 7-65　【污点修复画笔工具】属性栏

【污点修复画笔工具】属性栏中主要选项的作用如下。

▽ 画笔：用于设置画笔的大小和样式等。

▽ 模式：用于设置绘制后生成图像与底色之间的混合模式。

▽ 类型：用于设置图像区域修复过程中采用的修复类型。默认情况下选择【内容识别】按钮，修复后的图像将与边缘图像自然融合；选中【近似匹配】按钮后，将使用要修复区域周围的像素来修复图像；选中【创建纹理】按钮，将使用被修复图像区域中的像素来创建修复纹理，并使纹理与周围纹理相协调。

▽ 对所有图层取样：选中该复选框后，将从所有可见图层中对数据进行取样。

打开一幅素材图像，如图 7-66 所示，选择【污点修复画笔工具】后，在图像中的污点处单击或拖动鼠标，即可自动地对图像进行修复，如图 7-67 所示。

图 7-66　原图像

图 7-67　修复图像

7.5.3　使用修复画笔工具

【修复画笔工具】 ▧ 与【污点修复画笔工具】 ▧ 相似，主要用于修复图像中的瑕疵。应用【修复画笔工具】可以通过图像或图形中的样本像素来绘画，还可将样本像素的纹理、光照、不透明度和阴影与所修复的像素进行匹配，从而使修复后的像素自然地融入图像中。选择【修复画笔工具】 ▧ ，其属性栏如图 7-68 所示。

图 7-68　【修复画笔工具】属性栏

【修复画笔工具】属性栏中常用选项的作用如下。

▽ 源：选择【取样】选项，即可使用当前图像中的像素修复图像，在修复前需定位取样点；选中【图案】选项，可以在右侧的【图案】下拉列表框中选择图案进行修复。

▽ 对齐：当选中该复选框后，将以同一基准点对齐，即使多次复制图像，复制出来的图像仍然是同一幅图像；若取消选中该复选框，则多次复制出来的图像将是多幅以基准点为模板的相同图像。

7.5.4　使用内容感知移动工具

使用【内容感知移动工具】 ✕ 可以创建选区，并通过移动选区，将选区中的图像进行复制，而原图像则被扩展或与背景图像自然地融合。选择【内容感知移动工具】 ✕ 后，其属性栏如图 7-69 所示。

图 7-69　【内容感知移动工具】属性栏

【内容感知移动工具】属性栏中常用选项的作用如下。

▽ 模式：其下拉列表中有【移动】和【扩展】两种模式。选择【移动】模式，移动选区中的图像后，原图像所在部分将与背景图像融合；选择【扩展】模式，可以复制选区中的图像，得到两个图像效果。

▽ 结构：在其下拉列表中选择不同的命令，可以使图像边缘效果有所变化，默认选项为【4】。

【练习 7-10】快速无损移动图像。

(1) 打开【西瓜.jpg】素材图像，使用【内容感知移动工具】 ✕ 在右侧的杯子图像周围进行勾选，绘制出选区，如图 7-70 所示。

(2) 在工具属性栏的【模式】下拉列表框中选择【移动】选项，如图 7-71 所示。

图 7-70　绘制选区

图 7-71　选择【移动】选项

计算机基础与实训教材系列

159

(3) 将光标放到选区中拖动图像，再适当调整图像大小，如图 7-72 所示。

(4) 单击工具属性栏中的【提交变换】按钮✔，或按 Enter 键进行确定，系统将自动进行图像分析，右侧图像将与背景融合，按 Ctrl+D 组合键取消选区，得到的图像效果如图 7-73 所示。

图 7-72　拖动图像

图 7-73　得到的图像效果

提示

在【内容感知移动工具】属性栏的【模式】下拉列表框中选择【扩展】选项，可以将框选的图像复制移动到其他位置，原位置图像将不变。

7.5.5　使用红眼工具

使用【红眼工具】可以移去由于使用闪光灯拍摄而产生的人物照片中的红眼效果，还可以移去动物照片中的白色或绿色反光，但它对【位图】【索引颜色】以及【多通道】颜色模式的图像不起作用。

【练习 7-11】消除人物红眼。

(1) 打开【红眼.jpg】素材图像，如图 7-74 所示。

(2) 在工具箱中选择【红眼工具】，在其属性栏中设置【瞳孔大小】和【变暗量】均为 50%，如图 7-75 所示。

图 7-74　素材图像

图 7-75　【红眼工具】属性栏

【红眼工具】属性栏中常用选项的作用如下。

▽　瞳孔大小：用于设置瞳孔(眼睛暗色的中心)的大小。

▽　变暗量：用于设置瞳孔的暗度。

(3) 使用【红眼工具】绘制一个选框将红眼选中，如图 7-76 所示。释放鼠标后即可得到修复红眼后的效果，然后使用同样的方法修复另一个红眼，如图 7-77 所示。

图 7-76　框选红眼

图 7-77　修复红眼后的效果

7.6　实例演练

本节综合应用所学的绘制与修饰图像等操作，包括图章工具、修复画笔工具、修补工具等应用，练习在 Photoshop 中去除照片中人物的皱纹和制作双胞胎图像。

7.6.1　去除面部皱纹

本实例将去除照片中人物的皱纹，主要练习【仿制图章工具】的使用，实例对比效果如图 7-78 所示。

(a)　修复前

(b)　修复后

图 7-78　修复前后对比效果

本实例的具体操作步骤如下。

(1) 打开【皱纹.jpg】素材图像，如图 7-79 所示。

(2) 选择【仿制图章工具】⬚，将光标放置在皱纹附近的位置，然后按住 Alt 键并单击鼠标左键取样，如图 7-80 所示。

图 7-79　照片素材

图 7-80　进行图像取样

计算机基础与实训教材系列

(3) 将光标置于皱纹图像中并单击鼠标左键，得到修复效果，如图 7-81 所示。

(4) 使用相同的方法在其他皱纹的附近取样，然后去除人物脸部的其他皱纹，效果如图 7-82 所示。

图 7-81　修复皱纹

图 7-82　修复其他皱纹

7.6.2　制作魔法双胞胎

本实例将制作一个魔法双胞胎图像，主要练习【画笔工具】和【修补工具】的使用，实例效果如图 7-83 所示。

本实例的具体操作步骤如下。

(1) 选择【文件】|【打开】命令，打开【南瓜小孩.jpg】图像，如图 7-84 所示。

图 7-83　实例效果

图 7-84　打开素材图像

(2) 选择【画笔工具】，在属性栏中单击【切换"画笔设置"面板】按钮，打开【画笔设置】面板，设置画笔样式为【柔角】，再设置【大小】为26 像素、【间距】为424%，如图 7-85 所示。

(3) 选中【画笔设置】面板左侧的【形状动态】复选框，设置【大小抖动】参数为100%，如图 7-86 所示。

图 7-85　设置画笔大小

图 7-86　设置形状动态

(4) 选中【画笔设置】面板左侧的【散布】复选框，设置【散布】参数为 1000%，【数量】为 1，如图 7-87 所示。

(5) 设置前景色为白色，新建一个图层，使用【画笔工具】 ✐ 在图像上方绘制出大小不一的白色圆点图像，如图 7-88 所示。

图 7-87 设置散布

图 7-88 绘制图像

(6) 在【图层】面板中设置图层的混合模式为【叠加】，得到的图像效果如图 7-89 所示。

(7) 选择背景图层，选择【修补工具】 ▦，在画面右侧的南瓜图像周围勾画出选区，如图 7-90 所示。

图 7-89 设置图层的混合模式

图 7-90 绘制选区

(8) 单击工具属性栏中的【源】按钮，将选区中的图像拖动到画面右侧的草地中，如图 7-91 所示，释放鼠标后，即可自动复制草地图像，效果如图 7-92 所示。

图 7-91 移动选区中的图像

图 7-92 复制的图像

(9) 选择【修复画笔工具】 ✎ ，对复制的图像边缘不太自然的位置进行修饰，按住 Alt 键单击复制的图像，如图 7-93 所示，然后在要修复的图像处涂抹，如图 7-94 所示。

图 7-93 单击图像

图 7-94 修饰图像效果

(10) 选择【修补工具】 ⚙ ，对小女孩图像进行勾选，获取图像选区，如图 7-95 所示。

(11) 在属性栏中单击【目标】按钮，在选区中按住鼠标向右下方拖动，如图 7-96 所示。

(12) 释放鼠标后，按 Ctrl+D 组合键取消选区，得到复制的小女孩图像，如图 7-97 所示，完成本实例的制作。

图 7-95 获取选区

图 7-96 复制图像

图 7-97 完成效果

7.7 习题

一、填空题

1. 使用＿＿＿＿＿＿＿可以从图像中取样，然后将取样图像复制到其他的图像或同一图像的其他部分中。

2. 使用＿＿＿＿＿＿＿可以将 Photoshop 提供的图案或自定义的图案应用到图像中。

3. 使用＿＿＿＿＿＿＿可以对图像进行模糊处理，使图像中的色彩过渡平滑，从而使图像产生模糊的效果。

二、选择题

1. ( )用于降低图像的曝光度。

  A. 加深工具   B. 模糊工具

  C. 修补工具   D. 画笔工具

2. 使用(　　)可以移去使用闪光灯拍摄的人物照片中的红眼效果,还可以移去动物照片中的白色或绿色反光。

　　A. 画笔工具　　　　　　　　　　B. 模糊工具
　　C. 减淡工具　　　　　　　　　　D. 红眼工具

三、操作题

打开素材文件【受损照片.jpg】,如图 7-98 所示,使用【仿制图章工具】在湖水图像处取样,对受损图像进行修复,效果如图 7-99 所示。

图 7-98　打开素材文件

图 7-99　修复损坏的照片

第 8 章

创建与编辑文字

一幅成功的设计图，文字是必不可少的元素，它往往能起到画龙点睛的作用，从而更能突出画面主题，本章将主要介绍文字的各种创建方法和文字属性的编辑等知识。

本章重点

- 创建文字
- 编辑文字
- 栅格化文字

- 创建文字选区
- 将文字转换为路径

二维码教学视频

【练习 8-1】在图像中输入横排文字
【练习 8-3】在路径上创建文字
【练习 8-5】在【字符】面板中设置文字
【实例演练】制作个人名片

【练习 8-2】在图像中输入段落文本
【练习 8-4】在图像中创建文字选区
【练习 8-6】设置段落文本属性
【实例演练】制作旅游广告

8.1　创建文字

Photoshop 提供了 4 种文字工具，分别是【横排文字工具】【直排文字工具】【横排文字蒙版工具】和【直排文字蒙版工具】。

8.1.1　创建美术文本

在 Photoshop 中，美术文本是指在图像中单击鼠标后直接输入的文字。使用【横排文字工具】和【直排文字工具】能够输入美术文本。【横排文字工具】和【直排文字工具】的使用方法相同，只是排列方式有所区别。

在工具箱中单击【横排文字工具】按钮，其属性栏选项如图 8-1 所示。

图 8-1　【横排文字工具】属性栏

【横排文字工具】属性栏中主要选项的作用如下。

▽ ：单击该按钮可以使文字在水平排列和垂直排列之间进行切换。

▽ Adobe 宋体 Std ：在该下拉列表框中可选择输入字体的样式。

▽ 72点 ：单击右侧的下拉按钮，在下拉列表中可以选择字体的大小，也可直接输入字体的大小。

▽ 锐利 ：在其下拉列表框中可以设置消除锯齿的方法。

▽ ：三个按钮分别用于设置多行文本的对齐方式。按钮为左对齐、按钮为居中对齐、按钮为右对齐。

▽ ：单击该按钮，可以打开【选择文本颜色】对话框，在其中可设置字体颜色。

▽ ：单击该按钮，可以打开【变形文字】对话框，在其中可以设置变形文字的样式和扭曲程度。

▽ ：单击该按钮，可以打开【字符/段落】面板。

【练习 8-1】在图像中输入横排文字。

(1) 打开【夜晚.jpg】图像文件，如图 8-2 所示。

(2) 选择工具箱中的【横排文字工具】，在图像中单击一次鼠标左键，这时在【图层】面板中将自动添加一个文字图层，如图 8-3 所示。

(3) 图像中会出现闪烁的光标，直接输入文字内容，然后按小键盘中的 Enter 键即可完成文字的输入，如图 8-4 所示。

图 8-2　打开图像文件　　　图 8-3　添加文字图层　　　图 8-4　输入文字

提示

在默认状态下，系统会根据前景色来确定文字颜色，用户可以先设置好前景色再输入文字。

8.1.2 创建段落文本

段落文本最大的特点在于创建段落文本框，文字可以根据外框尺寸在段落中自动换行，其操作方法与一般排版软件类似，如 Word、PageMaker 等。

【练习8-2】在图像中输入段落文本。

(1) 打开任意一幅图像作为文字背景图像。

(2) 选择【横排文字工具】 T.，将光标移动到图像中进行拖动，创建一个段落文本框，如图 8-5 所示。

(3) 在段落文本框内输入文字，即可创建段落文字。在段落文本框中，输入的文字至文本框的边缘位置时，文字会自动换行，如图 8-6 所示。

图 8-5　绘制文本框

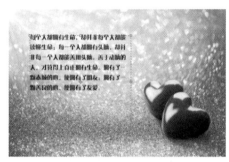

图 8-6　输入文字

(4) 把光标置于边框的控制点上，当光标变成双向箭头 时，按住鼠标进行拖动，可以方便地调整段落文本框的大小，如图 8-7 所示。

(5) 当光标变成双向弯曲箭头 时，按住鼠标进行拖动，可旋转段落文本框，如图 8-8 所示。

图 8-7　调整文本框的大小

图 8-8　旋转文本框

提示

创建好段落文字后，按住 Ctrl 键拖动段落文本框的任何一个控制点，可以在调整段落文本框大小的同时缩放文字。

8.1.3　沿路径创建文字

在 Photoshop 中输入文本时，可以沿着创建的路径输入文字，使文字产生特殊的排列效果。

【练习8-3】在路径上创建文字。

(1) 打开任意一幅图像作为文字背景。

(2) 在工具箱中选择【椭圆工具】 ，在属性栏的工具模式中选择【路径】命令，然后在图像中绘制一个椭圆路径，如图 8-9 所示。

(3) 在工具箱中选择【横排文字工具】 ，将光标移动到椭圆形中，单击鼠标左键即可在路径内输入文字，如图 8-10 所示，在图形中创建的文字会自动根据图形进行排列，形成段落文字，然后按小键盘上的 Enter 键进行确定。

图 8-9　绘制椭圆路径　　　　　　　　　　图 8-10　输入文字

(4) 使用【钢笔工具】 在图像下方绘制一条曲线路径，如图 8-11 所示。

(5) 选择【横排文字工具】 ，将光标移动到路径上，当光标变成 形状时，单击鼠标左键，即可沿着路径输入文字，其默认的状态是与基线垂直对齐，效果如图 8-12 所示。

图 8-11　绘制曲线路径　　　　　　　　　　图 8-12　输入文字

(6) 打开【字符】面板，设置基线偏移为 15 点，如图 8-13 所示，这时得到的文字效果如图 8-14 所示，然后按小键盘上的 Enter 键进行确定。

图 8-13　设置基线偏移　　　　　　　　　　图 8-14　文字效果

8.1.4 创建文字选区

在 Photoshop 中，用户可以使用【横排文字蒙版工具】 和【直排文字蒙版工具】 创建文字选区，这在广告制作方面应用较多，也是对选区的进一步拓展。

【练习 8-4】在图像中创建文字选区。

(1) 打开任意一幅图像文件，在工具箱中单击【横排文字工具】下拉按钮，然后在下拉工具列表中选择【横排文字蒙版工具】 ，将光标移动到图像中进行单击，将出现闪烁的光标，同时，画面将变成一层透明红色遮罩的状态，如图 8-15 所示。

(2) 在闪烁的光标后输入所需文字，完成输入后单击属性栏右侧的 按钮，即可完成文字的输入，得到文字选区，如图 8-16 所示。

图 8-15 进入蒙版状态

图 8-16 文字选区

(3) 在工具箱中选择【渐变工具】 ，打开【渐变编辑器】对话框，选择【紫色】颜色组，再选择其中一个渐变颜色并确定，如图 8-17 所示。

(4) 将光标移到选区中，然后拖动鼠标进行渐变填充，完成后按 Ctrl+D 组合键取消选区，填充文字选区后的效果如图 8-18 所示。

图 8-17 设置渐变颜色

图 8-18 填充文字选区

提示

使用【横排文字蒙版工具】 和【直排文字蒙版工具】 创建的文字选区，可以对其进行颜色填充，但它已经不具有文字属性，不能再改变其字体样式，只能像编辑图像一样进行处理。

8.2 编辑文字

本节将具体介绍文字的各种编辑方式。当用户在图像中输入文字后，可以在【字符】或【段落】面板中设置文字的属性，包括调整文字的颜色、大小以及字体等。

8.2.1 选择文字

要对文字进行编辑，首先需要选中该文字所在的图层，然后选取要设置的部分文字。选取文字时先选择【横排文字工具】 T，然后将光标移动到要选择的文字的开始处，当指针变成 I 形状时单击并拖动鼠标，如图 8-19 所示，在需要选取文字的结尾处释放鼠标，被选中的文字将以文字的补色显示，如图 8-20 所示。

定位光标 →

图 8-19 将光标定位在文字开始处

图 8-20 选择文字

8.2.2 设置字符属性

字符属性可以直接在文字工具属性栏中设置，也可以打开【字符】面板，在其中不仅可以设置文字的字体、字号、样式和颜色，还可以设置字符间距、垂直缩放、水平缩放，以及是否加粗、加下画线、加上标等。

【练习 8-5】在【字符】面板中设置文字。

(1) 打开【葡萄美酒.jpg】图像文件，选择【横排文字工具】 T，然后在图像中输入文字，如图 8-21 所示。

(2) 将光标插入第一个文字的前方，然后按住鼠标左键向右方拖动，直至选择所有文字，如图 8-22 所示。

图 8-21 输入文字

图 8-22 选择文字

(3) 单击文字工具属性栏中的【切换字符和段落面板】按钮▦，打开【字符】面板，在【设置字体样式】下拉列表框中选择字体样式，在【设置字体大小】文本框中设置字体大小，在【设置行距】文本框中设置文字之间的行距，如图 8-23 所示。

(4) 在【字符】面板中单击【颜色】选项右侧的色块，打开【拾色器(文本颜色)】对话框，设置一种颜色，如图 8-24 所示。

图 8-23 设置字符属性

图 8-24 设置文字颜色

【字符】面板中主要选项的作用如下。

▽ 方正粗黑宋简体 ：单击右侧的三角形按钮，可在下拉列表中选择字体。

▽ T 85 点 ：用于设置字符的大小。

▽ 🔼(自动) ：用于设置文本行间距，该值越大，间距越大。如果数值小到超过一定范围，文本行与行之间将重合在一起，在应用该选项前应先选择至少两行的文本。

▽ IT 100% ：用于设置文本在垂直方向上的缩放比例。

▽ T 100% ：用于设置文本在水平方向上的缩放比例。

▽ 🔠 0% ▾ ：根据文本的比例大小来设置文字的间距。

▽ VA 0 ▾ ：用于设置字符之间的距离，数值越大，文本间距越大。

▽ VA 0 ▾ ：用于对文字间距进行细微的调整。设置该项只需将文字输入光标移到需要设置的位置即可。

▽ T T TT Tr T¹ T₁ T T̲ ：这些按钮分别用于对文字进行仿粗体、仿斜体、全部大写字母、小型大写字母、上标、下标、添加下画线和添加删除线的设置。

(5) 在【拾色器(文本颜色)】对话框中单击【确定】按钮，得到如图 8-25 所示的文字效果。

(6) 通过在文字中拖动光标，选中文字【酒】，如图 8-26 所示。

图 8-25 文字效果

图 8-26 选择文字

(7) 在【字符】面板中设置基线偏移为-15 点、垂直缩放为 80%、大小为 100 点，如图 8-27 所示，得到的文字效果如图 8-28 所示。

图 8-27　设置文字属性

图 8-28　文字效果

(8) 选中【葡萄】两个字，然后分别单击【字符】面板中的【仿斜体】T和【下画线】T按钮，如图 8-29 所示，得到如图 8-30 所示的文字效果。

图 8-29　设置文字属性

图 8-30　文字效果

8.2.3　设置文字段落属性

在 Photoshop 中除了可以设置文字的基本属性外，还可以对段落文本的对齐和缩进方式进行设置。

【练习 8-6】设置段落文本属性。

(1) 打开任意一幅图像作为背景，然后在图像中创建一个段落文本，如图 8-31 所示。

(2) 打开【段落】面板，其中默认的文本对齐方式为【左对齐文本】，此处单击【居中对齐文本】按钮，如图 8-32 所示，即可得到如图 8-33 所示的文字效果。

图 8-31　创建段落文本

图 8-32　设置文字的对齐方式

图 8-33　居中对齐效果

【段落】面板中主要选项的作用如下。

▽ ≣≣≣ ≣≣≣ ：其中的按钮均用于设置文本的对齐方式。≣按钮可将文本左对齐；≣按钮可将文本居中对齐；≣按钮可将文本右对齐；≣按钮可将文本的最后一行左对齐；≣按钮可将文本的最后一行居中对齐；≣按钮可将文本的最后一行右对齐。

▽ ╶≣ 0点 ：用于设置段落文字左边向右缩进的距离。对于直排文字，该选项用于控制文本从段落顶端向底部缩进。

▽ ≣╶ 0点 ：用于设置段落文字由右边向左缩进的距离。对于直排文字，该选项用于控制文本由段落底部向顶端缩进。

▽ ╶≣ 0点 ：用于设置文本首行缩进的空白距离。

(3) 在【段落】面板中设置【左缩进】和【首行缩进】的值，如图 8-34 所示。设置好后如果文本框中不能显示所有文字，可以拖动文本框下方的边线扩大文本框，显示所有文字，如图 8-35 所示。

图 8-34　设置文字其他属性

图 8-35　显示所有文字

8.2.4　改变文字方向

当输入文本后如果需将横排文本转换成竖排文本，或将竖排文本转换成横排文本，此时无须重新输入文字，直接进行文字方向的转换即可。

选中需要改变文字方向的文字图层，选择【文字】|【文本排列方向】|【横排】或【竖排】命令，即可改变文字的方向，如图 8-36 和图 8-37 所示。

图 8-36　原文字方向

图 8-37　转换文字的方向

8.2.5　编辑变形文字

Photoshop 的文字工具属性栏中有一个文字变形工具，其中提供了 15 种变形样式，可以用来创作艺术字效果。

【练习 8-7】对文字进行变形操作。

(1) 打开任意一幅图像文件，然后在图像中输入文字，如图 8-38 所示。

(2) 在属性栏中单击【创建文字变形】按钮，打开【变形文字】对话框，单击【样式】右侧的下拉按钮，在弹出的下拉列表中提供了多种文字样式，这里选择【上弧】样式，再分别设置其他选项参数，如图 8-39 所示。

图 8-38　输入文字

图 8-39　设置变形文字

【变形文字】对话框中主要选项的作用如下。

▽ 水平/垂直：用于设置文本是沿水平还是垂直方向进行变形，系统默认为沿水平方向变形。

▽ 弯曲：用于设置文本弯曲的程度，当为 0 时表示没有任何弯曲。

▽ 水平扭曲：用于设置文本在水平方向上的扭曲程度。

▽ 垂直扭曲：用于设置文本在垂直方向上的扭曲程度。

(3) 单击【确定】按钮回到画面中，文字已经变为弧形造型，效果如图 8-40 所示。

(4) 单击【创建文字变形】按钮，在【变形文字】对话框中选中【垂直】单选按钮，然后适当调整参数，单击【确定】按钮，将得到如图 8-41 所示的文字效果。

图 8-40　水平变形文字

图 8-41　垂直变形效果

8.2.6　将文字转换为路径

在 Photoshop 中创建文字后，可以将文字转换为路径和形状。将文字转换为路径后，就可以像操作任何其他路径那样存储和编辑该路径，同时还能保持原文字图层不变。

【练习 8-8】将文字转换为路径进行编辑。

(1) 打开【海螺.jpg】图像文件，在其中输入文字内容，如图 8-42 所示。

(2) 选择【文字】|【创建工作路径】命令，即可得到工作路径(这里将文字图层隐藏，以便更好地观察到路径效果)，如图 8-43 所示。

图 8-42　输入文字

图 8-43　创建路径

(3) 切换到【路径】面板中可以看到创建的工作路径，如图 8-44 所示。使用【直接选择工具】调整该工作路径(原来的文字将保持不变)，如图 8-45 所示。

图 8-44　【路径】面板

图 8-45　编辑路径

(4) 显示并选择文字图层，然后选择【文字】|【转换为形状】命令，通过【图层】面板可以看出，将文字图层转换为形状图层的效果，如图 8-46 所示。

(5) 当文字为矢量蒙版选择状态时，使用【直接选择工具】对文字形状的部分节点进行调整，可以改变文字的形状，如图 8-47 所示。

图 8-46　文字转换为形状

图 8-47　改变文字的形状

8.2.7　栅格化文字

在图像中创建文字后，并不能直接对文字应用绘图和滤镜命令等操作，只有将其进行栅格化处理后，才能做进一步的编辑。

在【图层】面板中选择文字图层，如图 8-48 所示，然后选择【文字】|【栅格化文字图层】命令，即可将文字图层转换为普通图层，将文字图层栅格化后，即可对其进行绘图和滤镜等操作，同时，图层缩览图也将发生变化，如图 8-49 所示。

图 8-48　选择文字图层

图 8-49　栅格化效果

> 提示
>
> 当一幅图像文件中有多个文字图层时，将多个文字图层合并，或者将文字图层与其他图像图层合并，同样可以将文字栅格化。

8.3　实例演练

本节综合应用所学的文字创建与编辑操作，包括创建美术文本、创建段落文本，以及在【字符】面板中编辑文字和段落等，练习制作个人名片和旅游广告。

8.3.1　制作个人名片

本实例首先结合【矩形选框工具】和【椭圆选框工具】的使用，绘制出名片的轮廓和其中的细节图像，然后使用【横排文字工具】输入文字，并对文字进行编辑，实例效果如图 8-50 所示。

图 8-50　实例效果

本实例的具体操作步骤如下。

(1) 选择【文件】|【新建】命令，打开【新建文档】对话框，设置文件名称为【五华科技名片】，【宽度】和【高度】为 14 厘米×12 厘米，如图 8-51 所示，单击【创建】按钮得到一个新建的图像文件。

计算机基础与实训教材系列

(2) 设置前景色为黑色，按 Alt+Delete 组合键将背景填充为黑色，然后新建一个图层，使用【矩形选框工具】 在图像中绘制一个矩形选区，如图 8-52 所示。

(3) 设置前景色为紫色(R197,G91,B208)，按 Alt+Delete 组合键填充选区，效果如图 8-53 所示。

(4) 保持选区状态，设置前景色为紫红色(R148,G32,B107)，使用【画笔工具】对矩形选区的右侧进行涂抹，然后使用加深工具，做适当的加深处理，效果如图 8-54 所示。

图 8-51 新建图像

图 8-52 绘制矩形选区

图 8-53 填充选区

图 8-54 绘制其他颜色

(5) 打开素材图像【箭头.psd】，使用【移动工具】 分别将图中的素材拖动到当前编辑的图像中，效果如图 8-55 所示。

(6) 在【图层】面板中分别设置【箭头】图层的混合模式为【明度】，【线条】图层的混合模式为【叠加】，得到的图像效果如图 8-56 所示。

图 8-55 添加素材图像

图 8-56 设置图层的混合模式

(7) 选择【钢笔工具】 ，在名片右侧绘制一个花瓣形状，填充为白色，如图 8-57 所示。

(8) 选择【横排文字工具】 T，在花瓣图像下方输入文字【五华科技】，填充为白色，如图 8-58 所示。

图 8-57　添加素材图像

图 8-58　输入文字

(9) 选中输入的文字，然后选择【窗口】|【字符】命令，打开【字符】面板，设置字体为【方正综艺简体】、字间距为 50，再单击【仿斜体】按钮 T，如图 8-59 所示，得到倾斜的文字效果，如图 8-60 所示，完成名片正面的制作。

图 8-59　设置文字属性

图 8-60　文字效果

(10) 下面来制作名片背面图像。复制一次名片正面背景图像，即图层 1，按住 Ctrl 键将其向下垂直移动，如图 8-61 所示。

(11) 使用【椭圆选框工具】 ○ 在图像左侧绘制一个圆形选区，并使用【矩形选框工具】对左侧圆形选区进行减选，得到一个半圆形选区，如图 8-62 所示。

图 8-61　复制图像

图 8-62　绘制选区

计算机基础与实训教材系列

(12) 选择【选择】|【反选】命令，得到反选的选区，按 Delete 键删除选区中的图像，效果如图 8-63 所示。

(13) 再次复制图层 1，按住 Ctrl 键将其向下垂直移动，将该图层置于半圆图像的下方，然后使用【矩形选框工具】 在图像中绘制一个矩形选区，如图 8-64 所示。

图 8-63　删除图像

图 8-64　绘制选区

(14) 选择【选择】|【反选】命令，得到反选的选区，并填充为白色，效果如图 8-65 所示。

(15) 打开素材图像【半圆环.psd】，使用【移动工具】 分别将半圆环与长方形图像拖动到当前编辑的图像中，将圆环置于名片左侧半圆形图像中，将长方形置于右侧，如图 8-66 所示。

图 8-65　填充选区

图 8-66　添加素材图像

(16) 选择【横排文字工具】 ，在名片右侧输入姓名，然后在属性栏中设置字体为【方正大黑简体】，字体大小为 19 点，填充为白色，如图 8-67 所示。

(17) 输入公司名称，同样在属性栏中设置字体为【方正大黑简体】，字体大小为 13 点，填充为白色，如图 8-68 所示。

图 8-67　输入个人姓名

图 8-68　输入公司名称

(18) 分别输入地址、电话等文字信息，在属性栏中设置字体为【方正大黑简体】，适当调整文字大小，排列成如图 8-69 所示的样式。

(19) 选择整个背面名片图像所在图层，按 Ctrl+T 组合键适当旋转图像，得到较为俏皮的排列效果，如图 8-70 所示，至此完成本实例的制作。

图 8-69　输入其他信息

图 8-70　完成效果

8.3.2　制作旅游广告

本实例将制作一个旅游公司宣传广告，主要练习在广告画面中输入和编辑文字，实例效果如图 8-71 所示。

图 8-71　实例效果

本实例的具体操作步骤如下。

(1) 打开【城市.jpg】图像文件，如图 8-72 所示。然后新建一个图像文件，使用【移动工具】将城市图像拖动到新建的图像中，放到画面上方，如图 8-73 所示。

图 8-72　打开素材图像

图 8-73　移动图像

(2) 新建一个图层,选择【多边形套索工具】<span></span>,在图像下方绘制一个梯形选区,并填充为蓝色(R24,G151,B208),效果如图 8-74 所示。

(3) 新建一个图层,选择【椭圆选框工具】<span></span>,按住 Shift 键绘制一个圆形选区,填充为较深的蓝色(R19,G144,B200),效果如图 8-75 所示。

(4) 选择【图层】|【图层样式】|【投影】命令,打开【图层样式】对话框,设置投影颜色为黑色,其他参数设置如图 8-76 所示。

图 8-74　绘制梯形

图 8-75　绘制圆形

图 8-76　设置投影样式

(5) 单击【确定】按钮,得到圆形投影效果,如图 8-77 所示。

(6) 新建一个图层,选择【椭圆选框工具】<span></span>,按住 Shift 键在蓝色圆形中再绘制一个圆形选区,如图 8-78 所示。

(7) 选择【编辑】|【描边】命令,打开【描边】对话框,设置描边颜色为白色,其他参数设置如图 8-79 所示。

图 8-77　投影效果

图 8-78　绘制圆形选区

图 8-79　设置描边

(8) 单击【确定】按钮,得到选区描边效果,如图 8-80 所示。

(9) 打开【图层样式】对话框,为白色描边圆形添加投影,设置投影为黑色,其他参数设置如图 8-81 所示。

(10) 选择【横排文字工具】<span></span>,在画面中单击鼠标,然后在光标处输入文字【新】,如图 8-82 所示。

图 8-80　描边效果　　　　　图 8-81　投影效果　　　　　图 8-82　输入文字

(11) 拖动光标选中输入的文字，单击属性栏中的【切换字符和段落面板】按钮![icon]，打开【字符】面板，设置字体为【方正大标宋简体】，颜色为白色，再设置文字大小等参数，如图 8-83 所示。

(12) 按下小键盘中的 Enter 键完成文字属性的设置，并使用【移动工具】![icon]将其放到如图 8-84 所示的位置。

(13) 使用相同的方法，分别输入其他文字，调整至不同的大小，参照如图 8-85 所示的方式排列。

图 8-83　设置文字属性　　　　图 8-84　文字效果　　　　图 8-85　输入其他文字

(14) 选择【新】字图层，选择【图层】|【图层样式】|【斜面和浮雕】命令，设置【样式】为【浮雕效果】，其他参数设置如图 8-86 所示。

(15) 选择对话框左侧的【渐变叠加】选项，设置渐变颜色从淡黄色(R238,G236,B182)到橘黄色(R231,G166,B93)，其他参数设置如图 8-87 所示。

图 8-86　设置斜面和浮雕样式　　　　　　　　　图 8-87　设置渐变叠加样式

(16) 选择【投影】选项，设置【投影】为黑色，其他参数设置如图 8-88 所示。

(17) 单击【确定】按钮，得到添加图层样式后的文字效果，如图 8-89 所示。

图 8-88　设置投影样式　　　　　　　　　　　　图 8-89　文字效果

(18) 在【图层】面板中右击【新】文字图层，在弹出的快捷菜单中选择【拷贝图层样式】命令，然后分别选择其他文字图层，单击鼠标右键，在弹出的快捷菜单中选择【粘贴图层样式】命令，如图 8-90 所示，得到的文字效果如图 8-91 所示。

(19) 选择【横排文字工具】 T.，在画面右上方输入公司的中英文名称，并在属性栏中设置字体为【方正大标宋体】，填充为白色，效果如图 8-92 所示。

图 8-90　粘贴图层样式　　　　　　图 8-91　文字效果　　　　　　图 8-92　输入文字

(20) 打开【图层样式】对话框为其添加投影，设置投影颜色为黑色，如图 8-93 所示。

(21) 选择【横排文字工具】 T.，在画面右下方分别输入日期和其他文字，在属性栏中设置不同粗细的字体，填充为白色，效果如图 8-94 所示。

(22) 选择日期文字所在图层，打开【图层样式】对话框，为其添加【渐变叠加】样式，颜色从淡黄色(R238,G236,B182)到橘黄色(R231,G166,B93)，效果如图 8-95 所示。

图 8-93　文字投影效果

图 8-94　输入其他文字

图 8-95　为文字添加渐变色

(23) 选择【圆角矩形工具】 ，在属性栏中设置【形状】样式，【半径】为 50 像素，设置前景色为白色，在画面左下方绘制一个圆角矩形，如图 8-96 所示。

(24) 使用【横排文字工具】 T.在圆角矩形中输入文字，并使用光标选择文字，在属性栏中设置字体为【黑体】，填充为蓝色(R34,G143,B195)，适当调整文字大小，效果如图 8-97 所示，完成本实例的制作。

图 8-96　绘制圆角矩形

图 8-97　输入文字

8.4 习题

一、填空题

1. 在 Photoshop 中，_____是指在图像中单击鼠标后直接输入的文字。
2. 使用_____可以创建文字选区。
3. 字符属性可以直接在_____中设置，也可以在_____面板中设置。

二、选择题

1. 在 Photoshop 中提供了下列哪几种文字工具(　　)。
   A. 横排文字工具　　　　　　　　　　B. 直排文字工具
   C. 横排文字蒙版工具　　　　　　　　D. 直排文字蒙版工具
2. 在 Photoshop 中，可以对文字进行以下哪几种操作(　　)。
   A. 改变文字方向　　　　　　　　　　B. 转换为工作路径
   C. 设置字符属性　　　　　　　　　　D. 应用滤镜
3. 如果要对文字应用画笔工具，需要先对文字进行哪种操作(　　)。
   A. 设置字符属性　　　　　　　　　　B. 改变文字方向
   C. 转换为工作路径　　　　　　　　　D. 栅格化处理

三、操作题

新建一个图像文件，分别添加【封面背景.jpg】【花纹 1.jpg】和【花纹 2.jpg】素材图像，然后使用【横排文字工具】在画面中输入文字，并设置不同的字体属性，制作如图 8-98 所示的时尚杂志封面设计图。

图 8-98　制作封面设计图

第 9 章

图层的高级应用

本章将学习图层样式的应用，通过图层样式用户可以创建出图像的投影、外发光以及浮雕等特殊效果，还可以结合曲线的调整，使图像产生多种变化。

本章重点

- 图层不透明度的设置
- 混合选项的设置
- 复制图层样式
- 图层样式的使用

- 图层混合模式的设置
- 各种图层样式的应用
- 缩放图层样式

二维码教学视频

9.1 图层的不透明度和混合模式

图层的不透明度和混合模式在图像处理过程中起着非常重要的作用，在编辑图像时，通过改变图层的不透明度和混合模式可以创建各种特殊效果，从而生成新的图像效果。

9.1.1 设置图层的不透明度

在【图层】面板中可以设置该图层上图像的透明程度，通过设置图层的不透明度可以使图层产生透明或半透明效果。

在【图层】面板右上方的【不透明度】数值框中可以输入数值，范围是 0%～100%。当图层的不透明度小于 100%时，将显示该图层下面的图像，值越小，图像就越透明；当值为 0%时，该图层将不会显示，完全显示下一层图像内容。

【练习 9-1】调整图像的不透明度。

(1) 打开【花朵.jpg】素材图像，选择【圆角矩形工具】 ⬚ ，在属性栏中设置工具模式为【路径】，【半径】为 20 像素，在图像中绘制出一个圆角矩形，如图 9-1 所示。

(2) 在【图层】面板中创建一个图层，得到【图层 1】，如图 9-2 所示。

图 9-1　绘制圆角矩形

图 9-2　创建图层

(3) 单击属性栏中的【选区】按钮，在弹出的对话框中保持默认设置，然后单击【确定】按钮，将路径转换为选区。

(4) 按 Shift+Ctrl+I 组合键反选选区，新建一个图层，将选区填充为白色，如图 9-3 所示。

(5) 在【不透明度】数值框中输入数值为 60％，改变图层的不透明度，图像的透明效果如图 9-4 所示。

图 9-3　填充选区

图 9-4　设置不透明度为 60％

9.1.2　设置图层的混合模式

在 Photoshop 2020 中提供了 27 种图层混合模式，主要是用来设置图层中的图像与下面图层中的图像像素进行色彩混合的方法，设置不同的混合模式，所产生的效果也不同。

Photoshop 提供的图层混合模式都包含在【图层】面板中的 正常 下拉列表框中，单击其右侧的 按钮，在弹出的混合模式列表框中可以选择需要的模式，如图 9-5 所示。

图 9-5　图层的混合模式

1. 正常模式

该模式为系统默认的图层混合模式，即图像原始状态，如图 9-6 所示有两个图层的图像，背景层为彩色背景图像，其上为婴儿图层。后面的其他模式将以该图像中的图层进行讲解。

2. 溶解模式

该模式会随机消失部分图像的像素，消失的部分可以显示下一层图像，从而形成两个图层交融的效果，可配合不透明度来使溶解效果更加明显。例如，设置婴儿图层的不透明度为 60% 的效果如图 9-7 所示。

图 9-6　正常模式

图 9-7　溶解模式

3. 变暗模式

该模式将查看每个通道中的颜色信息，并将当前图层中较暗的色彩调整得更暗，较亮的色彩变得透明，效果如图 9-8 所示。

4. 正片叠底模式

该模式可以产生比当前图层和底层颜色暗的颜色，效果如图 9-9 所示。任何颜色与黑色复合将产生黑色，与白色复合将保持不变，当用户使用黑色或白色以外的颜色绘画时，绘图工具绘制的连续描边将产生逐渐变暗的颜色。

图 9-8　变暗模式　　　　　　　　　　　　　　图 9-9　正片叠底模式

5. 颜色加深模式

该模式将增强当前图层与下面图层之间的对比度，使图层的亮度降低、色彩加深，与白色混合后不产生变化，效果如图 9-10 所示。

6. 线性加深模式

该模式可以查看每个通道中的颜色信息，并通过减小亮度使基色变暗以反映混合色。与白色混合后不产生变化，效果如图 9-11 所示。

图 9-10　颜色加深模式　　　　　　　　　　　图 9-11　线性加深模式

7. 深色模式

该模式将当前图层和底层颜色做比较，并将两个图层中相对较暗的像素创建为结果色，效果如图 9-12 所示。

8. 变亮模式

该模式与【变暗】模式的效果相反，选择基色或混合色中较亮的颜色作为结果色。比混合色暗的像素被替换，比混合色亮的像素保持不变，效果如图 9-13 所示。

图 9-12 深色模式　　　　　　　　　　　图 9-13 变亮模式

9. 滤色模式

该模式和【正片叠底】模式正好相反，结果色总是较亮的颜色，并具有漂白的效果，如图 9-14 所示。

10. 颜色减淡模式

该模式将通过减小对比度来提高混合后图像的亮度，与黑色混合不发生变化，效果如图 9-15 所示。

图 9-14 滤色模式　　　　　　　　　　　图 9-15 颜色减淡模式

11. 线性减淡(添加)模式

该模式查看每个通道中的颜色信息，并通过增加亮度使基色变亮以反映混合色。与黑色混合则不发生变化，效果如图 9-16 所示。

12. 浅色模式

该模式与【深色】模式相反，将当前图层和底层颜色相比较，将两个图层中相对较亮的像素创建为结果色，效果如图 9-17 所示。

图 9-16 线性减淡(添加)模式　　　　　　图 9-17 浅色模式

13. 叠加模式

该模式用于复合或过滤颜色,最终效果取决于基色。图案或颜色在现有像素上叠加,同时保留基色的明暗对比。不替换基色,但基色与混合色相混以反映原色的亮度或暗度,效果如图 9-18 所示。

14. 柔光模式

该模式将产生一种柔和光线照射的效果,高亮度的区域更亮,暗调区域更暗,使反差增大,效果如图 9-19 所示。

图 9-18　叠加模式

图 9-19　柔光模式

15. 强光模式

该模式将产生一种强烈光线照射的效果,它根据当前图层的颜色使底层的颜色更为浓重或更为浅淡,这取决于当前图层上颜色的亮度,效果如图 9-20 所示。

16. 亮光模式

该模式通过增加或减少对比度来加深或减淡颜色,具体取决于混合色。如果混合色(光源)比 50% 灰色亮,则通过减少对比度使图像变亮。如果混合色比 50% 灰色暗,则通过增加对比度使图像变暗,效果如图 9-21 所示。

图 9-20　强光模式

图 9-21　亮光模式

17. 线性光模式

该模式通过增加或减少底层的亮度来加深或减淡颜色,具体取决于当前图层的颜色,如果当前图层的颜色比 50%灰色亮,则通过增加亮度使图像变亮;如果当前图层的颜色比 50%灰色暗,则通过减少亮度使图像变暗,效果如图 9-22 所示。

18. 点光模式

该模式根据当前图层与下层图层的混合色来替换部分较暗或较亮像素的颜色,效果如图 9-23 所示。

图 9-22　线性光模式　　　　　　　　图 9-23　点光模式

19. 实色混合模式

该模式取消了中间色的效果,混合的结果由底层颜色与当前图层亮度决定,效果如图 9-24 所示。

20. 差值模式

该模式将根据图层颜色的亮度对比进行相加或相减,与白色混合将进行颜色反相,与黑色混合则不产生变化,效果如图 9-25 所示。

图 9-24　实色混合模式　　　　　　　　图 9-25　差值模式

21. 排除模式

该模式将创建一种与差值模式相似但对比度更低的效果,与白色混合会使底层颜色产生相反的效果,与黑色混合不产生变化,效果如图 9-26 所示。

22. 减去模式

该模式从基色中减去混合色。在 8 位和 16 位图像中,任何生成的负片值都会剪切为零,效果如图 9-27 所示。

图 9-26　排除模式　　　　　　　　图 9-27　减去模式

23. 划分模式

该模式通过查看每个通道中的颜色信息，从基色中分割出混合色，效果如图 9-28 所示。

24. 色相模式

该模式用基色的亮度和饱和度以及混合色的色相创建结果色，效果如图 9-29 所示。

25. 饱和度模式

该模式用底层颜色的亮度和色相以及当前图层颜色的饱和度创建结果色。在饱和度为 0 时，使用此模式不会产生变化，效果如图 9-30 所示。

26. 颜色模式

该模式使用当前图层的亮度与下一图层的色相和饱和度进行混合，效果如图 9-31 所示。

27. 明度模式

该模式使用当前图层的色相和饱和度与下一图层的亮度进行混合，它产生的效果与【颜色】模式相反，效果如图 9-32 所示。

图 9-28　划分模式

图 9-29　色相模式

图 9-30　饱和度模式

图 9-31　颜色模式

图 9-32　明度模式

9.2　图层样式的应用

对某个图层应用了图层样式后，样式中定义的各种图层效果会应用到图像中，并且可以为图像增强层次感、透明感和立体感。

9.2.1　关于混合选项

使用图层样式可以制作出许多丰富的图像效果，图层混合选项是图层样式的默认选项，选择【图层】|【图层样式】|【混合选项】命令，或者单击【图层】面板底部的【添加图层样式】按钮 **fx**，即可打开【图层样式】对话框，如图 9-33 所示。在该对话框中可以调节整个图层的不透明度与混合模式等参数，其中有些设置可以直接在【图层】面板中调节。

图 9-33　混合选项

9.2.2　常规混合图像

【常规混合】选项中的【混合模式】和【不透明度】选项，与【图层】面板中的【混合模式】和【不透明度】选项一样，使用方法与作用都相同。

【练习 9-2】使用溶解模式混合图像。

(1) 打开【湖边.jpg】素材图像，使用【横排文字工具】**T** 在图像中输入文字"湖边的微风"，如图 9-34 所示。

(2) 在【图层】面板中选择文字图层，单击【图层】面板底部的【添加图层样式】按钮 **fx**，在弹出的菜单中选择【混合选项】命令，如图 9-35 所示。

图 9-34　素材文件

图 9-35　选择命令

(3) 打开【图层样式】对话框，在【常规混合】中设置图层的混合模式为【溶解】，再设置【不透明度】参数为 45%，如图 9-36 所示，然后单击【确定】按钮，即可得到如图 9-37 所示的图像效果。

图 9-36　设置常规混合选项

图 9-37　图像效果

9.2.3　高级混合图像

在【高级混合】选项中不仅可以设置图层的填充透明程度，还可以设置透视查看当前图层的下级图层功能。

【练习 9-3】混合图像。

(1) 在练习 9-2 的图像中选择文字图层，然后选择【窗口】|【样式】命令，打开【样式】面板，展开【自然】样式组，选择【大海】样式，如图 9-38 所示。

(2) 在【图层】面板中将显示该效果的图层样式，关闭【图案叠加】和【颜色叠加】前面的眼睛图标，得到的文字效果如图 9-39 所示。

图 9-38　选择样式

图 9-39　文字效果

(3) 打开【图层样式】对话框，在【高级混合】选项中设置【填充不透明度】为 0%，如图 9-40 所示，可以看到图案虽然隐藏了，但保留了浮雕样式。

(4) 在【通道】选项中取消选中【R】选项，这时红色通道将不在图像中显示，可以得到指定通道的混合效果，如图 9-41 所示。

图 9-40　设置填充不透明度　　　　　　　图 9-41　设置通道

(5) 在文字图层下方创建一个图层，填充为紫红色，如图 9-42 所示。

(6) 选择文字图层，在【高级混合】中选择【R】选项，然后在【挖空】下拉列表中选择【浅】选项，可以将背景图层中的内容显示出来，效果如图 9-43 所示。

图 9-42　添加颜色图层　　　　　　　　　图 9-43　图像效果

(7) 在【图层】面板中隐藏图层 1，然后在【图层样式】对话框中设置【混合颜色带】，如图 9-44 所示，得到本图层和下一图层的显示效果，如图 9-45 所示。

图 9-44　设置混合颜色带　　　　　　　　图 9-45　图像效果

提示

在【混合选项】中还有一些其他设置，用户可以根据需要进行选择，得到一些特殊的图像效果。

9.2.4　投影样式

投影是图层样式中最常用的一种图层样式效果，应用【投影】样式可以为图层增加类似影子的效果。

计算机基础与实训教材系列

【练习9-4】制作文字投影效果。

(1) 打开【魔法.jpg】素材图像，设置前景色为白色，使用【横排文字工具】T.在画面左上方输入文字【魔法】，如图9-46所示。

(2) 选择【图层】|【图层样式】|【投影】命令，打开【图层样式】对话框，在其中将显示【投影】选项参数，如图9-47所示。

图9-46 输入文字　　　　图9-47 【投影】各选项

【图层样式】对话框中常用选项的作用如下。

▽ 【混合模式】：用来设置投影图像与原图像间的混合模式。单击后面的小三角，可在弹出的菜单中选择不同的混合模式，通常默认模式产生的效果最理想。其右侧的颜色块用来控制投影的颜色，单击它可在打开的【选择阴影颜色】对话框中设置另一种颜色，系统默认为黑色。

▽ 【不透明度】：用来设置投影的不透明度，可以拖动滑块或直接输入数值进行设置。

▽ 【角度】：用来设置光照的方向，投影在该方向的对面出现。

▽ 【使用全局光】：选中该复选框，图像中所有的图层效果使用相同的光线照入角度。

▽ 【距离】：用于设置投影与原图像间的距离，值越大，距离越远。

▽ 【扩展】：用于设置投影的扩散程度，值越大，扩散越多。

▽ 【大小】：用于调整阴影模糊的程度，值越大，越模糊。

▽ 【等高线】：用于设置投影的轮廓形状。

▽ 【消除锯齿】：用于消除投影边缘的锯齿。

▽ 【杂色】：用于设置是否使用噪声点来对阴影进行填充。

(3) 设置投影颜色为默认的黑色，不透明度为100％，其他设置如图9-48所示，得到的文字投影效果如图9-49所示。

图9-48 设置投影各参数　　　　图9-49 文字投影效果

(4) 单击【等高线】右侧的三角形按钮，在弹出的面板中有默认的等高线设置，选择其中一种样式，如【滚动斜坡-递减】，如图 9-50 所示，得到的图像效果如图 9-51 所示。

图 9-50　选择等高线样式

图 9-51　等高线效果

(5) 用户还可以自行设置等高线的样式，单击【等高线】缩览图，打开【等高线编辑器】对话框，使用鼠标按住控制点进行拖动，对投影图像进行调整，如图 9-52 所示。

(6) 单击【确定】按钮返回到【图层样式】对话框中，编辑好的等高线样式即可显示在等高线缩览图中，图像投影效果如图 9-53 所示。

图 9-52　编辑等高线样式

图 9-53　文字效果

(7) 设置【杂色】选项为 100%，然后单击【确定】按钮返回到画面中，得到添加杂色后的图像效果，如图 9-54 所示。

> **提示**
>
> 在【图层样式】对话框中设置投影的过程中，可以在图像窗口中预览到投影的效果。

9.2.5　内阴影样式

【内阴影】样式可以为图层内容增加阴影效果，就是沿图像边缘向内产生投影，使图像产生一定的立体感和凹陷感。【内阴影】样式的设置方法和选项与【投影】样式相同，如图 9-55 所示是为文字图像添加内投影样式的效果。

图 9-54　添加杂色效果

图 9-55　内阴影效果

9.2.6　外发光样式

Photoshop 图层样式提供了两种光照样式,即【外发光】样式和【内发光】样式。使用【外发光】样式,可以为图像添加从图层外边缘发光的效果。

【练习 9-5】制作外发光效果。

(1) 打开【水滴.jpg】素材图像,新建一个图层,然后在图像中绘制一个矩形选区,填充为白色,如图 9-56 所示。

(2) 选择【图层】|【图层样式】|【混合选项】命令,打开【图层样式】对话框,设置【填充不透明度】为 0%,如图 9-57 所示。

图 9-56　绘制矩形

图 9-57　【图层样式】对话框

> **提示**
>
> 如果【图层样式】对话框左侧没有显示完整的图层样式,可以单击对话框左下方的 *fx* 按钮,在弹出的菜单中选择【显示所有效果】命令即可显示所有的图层样式类型。

(3) 选中【外发光】选项,进入外发光各选项设置,单击 □ 色块,设置外发光颜色为白色,其余设置如图 9-58 所示,得到的图像效果如图 9-59 所示。

图 9-58　设置【外发光】参数　　　　　　图 9-59　外发光效果

【图层样式】对话框中常用选项的作用如下。

▽ ：选中该单选按钮，单击颜色图标，将打开【拾色器】对话框，可在其中选择一种颜色。

▽ <image>：选中该单选按钮，单击渐变条，可以在打开的对话框中自定义渐变色或在下拉列表框中选择一种渐变色作为发光色。

▽ 【方法】：用于设置对外发光效果应用的柔和技术，可以选择【柔和】和【精确】选项。

▽ 【范围】：用于设置图像外发光的轮廓范围。

▽ 【抖动】：用于改变渐变的颜色和不透明度的应用。

(4) 在【外发光】样式中同样可以设置【等高线】选项，单击【等高线】缩略图，打开【等高线编辑器】对话框编辑曲线，如图 9-60 所示。

(5) 单击【确定】按钮，得到编辑等高线后的图像外发光效果如图 9-61 所示。

图 9-60　调整曲线　　　　　　图 9-61　编辑等高线后的图像效果

🐌 提示

在【图层样式】对话框中，多个图层样式选项都可以设置等高线效果，用户可以根据需要调整不同的设置，从而得到各种特殊的图像效果。

计算机基础与实训教材系列

9.2.7 内发光样式

【内发光】样式的效果与【外发光】样式刚好相反，是指在图层内容的边缘以内添加发光效果。【内发光】样式的设置方法和选项与【外发光】样式相同，为图像设置内发光样式的效果如图 9-62 所示。

图 9-62 内发光效果

9.2.8 斜面和浮雕样式

应用【斜面和浮雕】样式可以在图层图像上产生立体的倾斜效果，整个图像出现浮雕般的效果。

【练习 9-6】制作图像浮雕效果。

(1) 打开【荷花.jpg】素材图像，使用【直排文字工具】在图像中输入文字，并且填充为白色，如图 9-63 所示。

(2) 选择【图层】|【图层样式】|【斜面和浮雕】命令，打开【图层样式】对话框，【斜面和浮雕】样式的各项参数如图 9-64 所示。

图 9-63 输入文字

图 9-64 【斜面和浮雕】参数

【图层样式】对话框中常用选项的作用如下。

▽ 【样式】：用于选择斜面和浮雕的样式。其中【外斜面】选项可产生一种从图层图像的边缘向外侧呈斜面状的效果；【内斜面】选项可在图层内容的内边缘上创建斜面的效果；【浮雕效果】选项可产生一种凸出于图像平面的效果；【枕状浮雕】选项可产生一种凹陷于图像内部的效果；【描边浮雕】选项可将浮雕效果仅应用于图层的边界。

▽ 【方法】：用于设置斜面和浮雕的雕刻方式。其中【平滑】选项可产生一种平滑的浮雕效果；【雕刻清晰】选项可产生一种硬的雕刻效果；【雕刻柔和】选项可产生一种柔和的雕刻效果。

▽ 【深度】：用于设置斜面和浮雕的效果深浅程度，值越大，浮雕效果越明显。

▽ 【方向】：选中⊙上单选按钮，表示高光区在上，阴影区在下；选中⊙下单选按钮，表示高光区在下，阴影区在上。

▽ 【高度】：用于设置光源的高度。

▽ 【高光模式】：用于设置高光区域的混合模式。单击右侧的颜色块可设置高光区域的颜色，下面的【不透明度】用于设置高光区域的不透明度。

▽ 【阴影模式】：用于设置阴影区域的混合模式。单击右侧的颜色块可设置阴影区域的颜色，下面的【不透明度】数值框用于设置阴影区域的不透明度。

(3) 单击【样式】选项右侧的三角形按钮，选择一种样式，如【浮雕效果】，然后再设置其他参数，如图 9-65 所示，得到的图像效果如图 9-66 所示。

图 9-65　设置【浮雕效果】参数　　　　　　　　　　　　图 9-66　浮雕效果

(4) 选择【内斜面】样式的图像效果如图 9-67 所示，选择【枕状浮雕】样式的图像效果如图 9-68 所示，用户还可以选择另外两种样式进行查看。

图 9-67　内斜面效果　　　　　　　　　　　　　　　　图 9-68　枕状浮雕效果

9.2.9 光泽样式

通过为图层添加光泽样式，可以在图像表面添加一层反射光效果，使图像产生类似绸缎的感觉。

【练习9-7】制作图像光泽效果。

(1) 打开【天空.jpg】素材图像，然后在图像中输入文字，并将文字填充为白色，如图 9-69 所示。

(2) 选择【图层】|【图层样式】|【光泽】命令，在弹出的【图层样式】对话框中可以设置光泽颜色为深蓝色(R11,G55,B92)，其余各项参数如图 9-70 所示。

图 9-69 输入文字   图 9-70 设置【光泽】参数

(3) 单击【等高线】右侧的三角形按钮，在打开的面板中选择一种等高线样式(如"环形—双")，如图 9-71 所示，然后单击【确定】按钮可以得到图像的光泽效果，如图 9-72 所示。

图 9-71 选择【等高线】样式   图 9-72 光泽效果

9.2.10 颜色叠加样式

颜色叠加样式是为图层中的图像内容叠加覆盖一层颜色，下面学习颜色叠加样式的具体应用。

计算机基础与实训教材系列

【练习9-8】制作颜色叠加效果。

(1) 打开【卡通图.jpg】素材图像，使用【椭圆选框工具】通过减选绘制一个月亮图像，并且填充颜色为白色，如图9-73所示。

(2) 选择【图层】|【图层样式】|【颜色叠加】命令，打开【图层样式】对话框进行参数设置，设置叠加颜色为黄色(R249,G240,B8)，如图9-74所示。

图 9-73　绘制的图像

图 9-74　【图层样式】对话框

(3) 设置叠加颜色后，单击【确定】按钮，即可得到图像的叠加效果，如图9-75所示。

(4) 在对话框中改变【不透明度】为36%，叠加的颜色将与图像本来的颜色进行融合，得到新的颜色，效果如图9-76所示。

图 9-75　颜色叠加效果

图 9-76　设置不透明度

9.2.11　渐变叠加样式

【渐变叠加】样式就是使用一种渐变颜色覆盖在图像表面，选择【图层】|【图层样式】|【渐变叠加】命令，打开【图层样式】对话框进行参数设置，如图9-77所示。单击【渐变】右侧的三角形按钮，在弹出的对话框中可以选择一种渐变叠加样式，渐变叠加效果如图9-78所示。

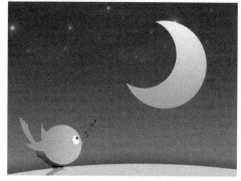

图 9-77　设置【渐变叠加】参数　　　　　　　　图 9-78　渐变叠加效果

【图层样式】对话框中常用选项的作用如下。

▽ 【渐变】：用于选择渐变的颜色，与渐变工具中的相应选项相同。

▽ 【样式】：用于选择渐变的样式，包括线性、径向、角度、对称和菱形 5 个选项。

▽ 【缩放】：用于设置渐变色之间的融合程度，数值越小，融合度越低。

9.2.12　图案叠加样式

【图案叠加】样式就是使用一种图案覆盖在图像表面，选择【图层】|【图层样式】|【图案叠加】命令，打开【图层样式】对话框进行相应的参数设置，如图 9-79 所示，选择一种图案叠加样式后得到的效果如图 9-80 所示。

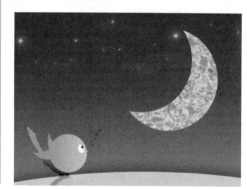

图 9-79　【图案叠加】参数　　　　　　　　图 9-80　图案叠加效果

> 💻 **提示**
>
> 在设置图案叠加时，在【图案】下拉列表框中可以选择叠加的图案样式，【缩放】选项则用于设置填充图案的纹理大小，值越大，其纹理越大。

9.2.13　描边样式

【描边】样式是指使用颜色、渐变色或图案为图像制作轮廓效果，适用于处理边缘效果清晰的形状。

【练习 9-9】对文字添加描边效果。

(1) 打开【食物.jpg】素材图像，在其中输入文字，并填充颜色为白色，如图 9-81 所示。

(2) 选择【图层】|【图层样式】|【描边】命令，打开【图层样式】对话框，用户可在其中设置【描边】选项，如图 9-82 所示。

图 9-81　输入文字

图 9-82　【描边】选项

【图层样式】对话框中常用选项的作用如下。

▽ 【大小】：用于设置描边的宽度。

▽ 【位置】：用于设置描边的位置，包括【外部】【内部】和【居中】3 个选项。

▽ 【填充类型】：用于设置描边填充的内容类型，包括【颜色】【渐变】和【图案】3 种类型。

▽ 【颜色】：单击该色块，可以在打开的对话框中选择描边颜色。

(3) 设置描边的【大小】为 10 像素，【位置】为【外部】，然后单击【颜色】右侧的色块，设置颜色为深紫色(R009,G7,B67)，其余设置如图 9-83 所示，得到的效果如图 9-84 所示。

图 9-83　设置【描边】参数

图 9-84　文字描边效果

计算机基础与实训教材系列

(4) 在【填充类型】下拉列表中选择【渐变】选项，单击渐变色条，在打开的对话框中设置渐变颜色为从涂红色到橘红色，再设置样式为【线性】，其余设置如图 9-85 所示，得到的渐变描边效果如图 9-86 所示。

图 9-85　设置渐变描边参数　　　　　　　　　　　　图 9-86　渐变描边效果

 提示

填充中的【渐变】类型与工具箱中的【渐变工具】中的渐变设置相同。

(5) 在【填充类型】下拉列表中选择【图案】选项，单击图案预览图，在弹出的面板中可以选择一种图案样式，如图 9-87 所示。

(6) 单击【确定】按钮，可以得到如图 9-88 所示的图案描边效果。

图 9-87　设置图案描边参数　　　　　　　　　　　　图 9-88　图案描边效果

提示

选择【编辑】|【填充】命令，打开【填充】对话框，其中的【使用】下拉列表框中的【图案】选项与这里【图层样式】对话框中的【图案】选项设置相同。

9.3　图层样式的管理

当用户为图像添加了图层样式后，可以对图层样式进行查看，并对已经添加的图层样式进行编辑，也可以清除不需要的图层样式。

9.3.1　复制图层样式

在绘制图像时，有时需要对不同的图像应用相同的图层样式。用户可以选择复制一个已经设置好的图层样式，将其粘贴到其他图层中。

【练习 9-10】快速应用图层样式。

(1) 打开【文字.psd】素材图像，如图 9-89 所示。

(2) 在【图层】面板中选择【美丽】文字图层，使用鼠标右键单击图层，在弹出的快捷菜单中选择【拷贝图层样式】命令，即可复制图层样式，如图 9-90 所示。

图 9-89　素材图像

图 9-90　复制图层样式

(3) 选择【花环】文字图层，单击鼠标右键，在弹出的快捷菜单中选择【粘贴图层样式】命令，即可将复制的图层样式粘贴到【花环】文字图层中，如图 9-91 所示。

(4) 按 Ctrl + Z 组合键撤销复制粘贴图层样式操作。

(5) 将鼠标置于【美丽】文字图层右侧的【效果】图标 *fx* 中，按住 Alt 键的同时按住鼠标左键将其直接拖动到【花环】文字图层中，如图 9-92 所示，也可以得到复制的图层样式，效果如图 9-93 所示。

图 9-91　复制后的图层样式

图 9-92　拖动图层样式　　　图 9-93　图像效果

9.3.2 删除图层样式

绘制的图像通常需要反复修改，当用户添加图层样式后，对于一些多余的样式，可以进行删除。

【练习9-11】删除应用的图层样式。

(1) 打开练习9-10制作的图像效果，选择需要删除的图层样式，如选择【美丽】文字图层中的【斜面和浮雕】样式，按住鼠标左键将其拖动到【图层】面板底部的【删除图层】按钮 圙 中，如图9-94所示，可以直接删除图层样式，如图9-95所示。

图9-94　拖动图层样式　　　　　　　　图9-95　删除图层样式

(2) 选择【花环】文字图层，选择【图层】|【图层样式】|【清除图层样式】命令，可以将所选图层的图层样式全部清除，如图9-96所示，得到的图像效果如图9-97所示。

图9-96　清除图层样式　　　　　　　　图9-97　图像效果

9.3.3 设置全局光

在设置图层样式时，通常可以在【图层样式】对话框中看到【全局光】复选框，通过设置全局光可以调整图像呈现出一致的光源照明外观。

【练习9-12】调整图像的光照角度。

(1) 打开【花环.jpg】素材图像，然后在图像中输入英文文字。

(2) 选择【图层】|【图层样式】|【斜面和浮雕】样式，打开【图层样式】对话框，设置样式为【浮雕效果】，然后设置其他参数，这时可以看到已经默认选中了【使用全局光】复选框，如图9-98所示，这时得到的文字效果如图9-99所示。

图 9-98　使用全局光 　　　　　　　　　　　　　　　图 9-99　图像效果

(3) 在【图层样式】对话框中可以调整全局光角度。也可以选择【图层】|【图层样式】|【全局光】命令，在打开的【全局光】对话框中调整全局光参数，如图 9-100 所示，得到的图像效果如图 9-101 所示。

图 9-100　设置全局光 　　　　　　　　图 9-101　调整后的图像效果

9.3.4　缩放图层样式

在一个图层中应用图层样式时，如果同时添加多个图层样式，可以使用【缩放效果】命令对图层的效果进行整体的缩放调整，使其得到需要的效果。

【练习 9-13】降低图层样式的效果。

(1) 在练习 9-12 中的图像中选择添加了图层样式的文字图层，然后选择【图层】|【图层样式】|【缩放效果】命令，打开【缩放图层效果】对话框，设置缩放参数，如图 9-102 所示。

(2) 单击【确定】按钮，完成图层样式的缩放，可以看到图层的样式效果降低了，如图 9-103 所示。

图 9-102　设置缩放效果 　　　　　　　图 9-103　调整后的图像效果

9.3.5 展开和折叠图层样式

为图层添加图层样式后，在【图层】面板中图层名的右侧将会出现一个 *fx* 图标，通过该图标可以将图层样式进行展开和折叠，以方便用户对图层样式的管理。

为图像应用图层样式后，单击其右侧的 按钮可以展开图层样式，如图 9-104 所示，在其中能查看当前图层应用了哪些图层样式；再次单击 按钮即可折叠图层样式，如图 9-105 所示。

图 9-104　展开图层样式

图 9-105　折叠图层样式

9.3.6 使用【样式】面板

Photoshop 还提供了一个【样式】面板，它实际上是由多种图层效果组成的集合，用户可以直接在其中选择固定设置的图层效果。

【练习 9-14】使用【样式】面板直接添加图层样式效果。

(1) 打开【玫瑰花瓣.jpg】素材图像，使用【自定形状工具】 在画面中绘制一个花瓣图形，并且填充为白色，如图 9-106 所示。

(2) 选择【窗口】|【样式】命令，打开【样式】面板，可以看到一些默认的图层样式，如图 9-107 所示。

图 9-106　绘制图形

图 9-107　【样式】面板

(3) 在【样式】面板中单击【平铺】样式，即可将该样式套用到花瓣图形中，效果如图 9-108 所示。

(4) 单击【样式】面板右上方的三角形按钮，可以打开快捷菜单，在其中可以选择【旧版样式及其他】命令，如图 9-109 所示，可以得到多种预设样式。

图 9-108 套用图层样式

图 9-109 选择其他样式

(5) 这时在【样式】面板中即可得到全部的预设样式，如图 9-110 所示。

(6) 展开【所有旧版默认样式】组，选择【玻璃按钮】中的【洋红色玻璃】样式，如图 9-111 所示，得到新的图层样式效果，如图 9-112 所示。

图 9-110 全部预设样式

图 9-111 选择玻璃按钮样式

图 9-112 新的图层样式效果

(7) 选择【图层】|【图层样式】|【缩放效果】命令，打开【缩放图层效果】对话框，设置缩放参数，如图 9-113 所示。单击【确定】按钮后得到的图像效果如图 9-114 所示。

图 9-113 设置缩放参数

图 9-114 缩放效果

(8) 如果要将调整后的图层样式进行保存，可以单击【样式】面板下方的【创建新样式】按钮，在打开的【新建样式】对话框中保持默认设置并单击【确定】按钮，如图 9-115 所示，即可在样式面板中创建一个图层样式，如图 9-116 所示。

图 9-115　【新建样式】对话框

图 9-116　创建图层样式

 提示

在【样式】面板中选择一种图层样式后，单击鼠标右键，在弹出的快捷菜单中选择【删除样式】命令，可以将该样式从面板中删除。

9.4　实例演练

本节综合应用所学的 Photoshop 图层的高级应用，包括图层的混合模式、图层样式和图层样式的管理，练习制作房地产宣传广告和舞蹈招生广告。

9.4.1　制作房地产宣传广告

本实例制作一个房地产宣传广告，首先使用了一张素材图像作为整个广告背景，然后加入素材图像，对其应用图层蒙版、调整图层的混合模式等操作，得到特殊图像效果，最后再输入文字，实例效果如图 9-117 所示。

图 9-117　实例效果

本实例的具体操作步骤如下。

(1) 打开素材图像【光斑背景.jpg】，如图 9-118 所示。

图 9-118 打开素材图像

(2) 打开【房子.psd】图像文件，使用【移动工具】➕将其拖曳过来，放到画面右下方，如图 9-119 所示。

图 9-119 添加素材图像

(3) 单击【图层】面板底部的【添加图层蒙版】按钮▢，得到图层蒙版，选择【画笔工具】✐，在属性栏中设置【不透明度】为 50%，在建筑图像下方进行涂抹，隐藏部分图像，如图 9-120 所示，这时得到的【图层】面板如图 9-121 所示。

图 9-120 隐藏部分图像

图 9-121 【图层】面板

(4) 新建一个图层，填充为蓝色(R9,G74,B181)，然后将图层的混合模式设置为【叠加】，再选择【图层】|【创建剪贴蒙版】命令，得到蓝色建筑图像，如图 9-122 所示，这时【图层】面板显示状态如图 9-123 所示。

图 9-122　图像效果

图 9-123　创建剪贴蒙版

(5) 打开素材图像【光圈.psd】，使用【移动工具】➕将其拖动到当前编辑的图像中，放到画面的右下方，并将图层的混合模式设置为【滤色】，如图 9-124 所示，图像效果如图 9-125 所示。

图 9-124　设置图层属性

图 9-125　图像效果

(6) 打开【浮雕字.psd】图像文件，使用【移动工具】➕将其拖动到当前编辑的图像中，放到画面左侧，如图 9-126 所示。

图 9-126　添加文字内容

(7) 打开【光晕.psd】图像文件，使用【移动工具】➕将其拖动到当前编辑的图像中，放到文字中间，并设置图层的混合模式为【滤色】，如图 9-127 所示，图像效果如图 9-128 所示。

图 9-127　设置图层属性

图 9-128　添加光晕图像

(8) 选择【横排文字工具】 T. ，在浮雕文字下方和画面左上方分别输入文字，适当调整文字的大小和字体，效果如图 9-129 所示，完成本实例的操作。

图 9-129　输入文字

9.4.2　制作招生广告

本实例制作的是一个舞蹈招生广告，首先制作背景图像，为素材图像添加图层蒙版，使图像能够自然地与下一图层进行结合，然后再输入文字，对文字添加图层样式，得到文字的描边、颜色渐变和投影效果，实例效果如图 9-130 所示。

本实例的具体操作步骤如下：

(1) 新建一个图像文件，将背景填充为黑色，然后设置前景色为深蓝色(R0,G104,B144)，使用【画笔工具】 在图像中间进行涂抹，得到如图 9-131 所示的背景效果。

(2) 打开素材图像【星光背景.psd】，使用【移动工具】 将其拖动到当前编辑的图像中，放到画面右侧，如图 9-132 所示。

图 9-130　实例效果　　　　　图 9-131　填充背景　　　　　图 9-132　添加素材图像

(3) 单击【图层】面板底部的【添加图层蒙版】按钮 ，使用【画笔工具】对星光图像左侧和下方进行涂抹，隐藏部分图像，效果如图 9-133 所示。

(4) 使用【横排文字工具】 T. 在图像左上方输入文字，在工具属性栏中设置字体为方正正中黑简体，效果如图 9-134 所示。

图 9-133 添加图层蒙版

图 9-134 输入文字

(5) 选择【图层】|【图层样式】|【描边】命令,打开【图层样式】对话框,设置描边颜色为白色,大小为 8 像素,如图 9-135 所示。

(6) 在【图层样式】对话框左侧选择【渐变叠加】选项,设置渐变颜色从橘黄色(R211,G159,B69)到淡黄色(R255,G250,B194),其他参数设置如图 9-136 所示。

图 9-135 设置【描边】样式

图 9-136 设置【渐变叠加】样式

(7) 选择【投影】选项,设置投影颜色为黑色,其他参数设置如图 9-137 所示。

(8) 单击【确定】按钮,得到添加图层样式后的文字效果,如图 9-138 所示。

图 9-137 设置【投影】样式

图 9-138 图像效果

(9) 在文字两侧输入两个括号,然后对其应用【渐变叠加】和【投影】图层样式,效果如图 9-139 所示。

(10) 打开素材图像【剪影.psd】，使用【移动工具】 ⊕ 将其拖动到当前编辑的图像中，置于文字上方，再输入一行英文文字，并对其进行渐变填充，设置颜色从橘黄色(R211,G159,B69)到淡黄色(R255,G250,B194)，效果如图 9-140 所示。

图 9-139　创建括号效果　　　　　　　　　　　　图 9-140　创建英文效果

(11) 输入其他广告文字，并填充为白色，然后参照如图 9-141 所示的方式排列文字。

(12) 打开素材图像【舞蹈.psd】，将图像拖动到当前编辑的图像中，放到画面下方，并设置该图层的混合模式为【变亮】，效果如图 9-142 所示。

(13) 打开素材图像【黄色横条.psd】，将其拖动到当前编辑的图像中，放到画面下方，然后在其中输入学校名称、地址和电话等信息，至此完成本实例的操作，效果如图 9-143 所示。

图 9-141　输入文字　　　　　　　图 9-142　添加素材图像　　　　　　　图 9-143　完成效果

9.5　习题

一、填空题

1. 在【图层】面板右上方的【不透明度】数值框中可以输入数值，值越_____，图像就越透明。

2. 在 Photoshop 中提供的_____，主要是用来设置图层中的图像与下面图层中的图像像素进行色彩混合的方法。

计算机基础与实训教材系列

3. 在设置图层样式时，通过在【图层样式】对话框中设置_____可以调整图像呈现出一致的光源照明外观。

二、选择题

1. (　　)模式可以产生比当前图层和底层颜色较暗的颜色。

  A. 叠加模式　　　　　　　　　　B. 正片叠底

  C. 减去模式　　　　　　　　　　D. 减去模式

2. (　　)样式可以为图层内容增加阴影效果，就是沿图像边缘向内产生投影效果，使图像产生一定的立体感和凹陷感。

  A. 投影　　　　　　　　　　　　B. 内发光

  C. 斜面和浮雕　　　　　　　　　D. 内阴影

三、操作题

打开素材文件【海边.jpg】，如图 9-144 所示，通过新建图层、渐变填充选区、设置图层的混合模式，绘制彩虹图像，如图 9-145 所示。

【提示】

(1) 新建一个图层，使用椭圆选框工具绘制一个圆形选区，然后使用渐变工具对其应用径向渐变填充，设置渐变颜色为【透明彩虹渐变】样式。

(2) 选择【滤镜】|【模糊】|【高斯模糊】命令，打开【高斯模糊】对话框，设置模糊参数为4，然后擦除多余的彩虹图像。

(3) 设置彩虹图层的混合模式为【亮光】，然后适当降低图层的不透明度。

图 9-144　打开素材

图 9-145　彩虹图像

第10章

滤镜的基本操作

本章主要介绍滤镜的基本操作，包括滤镜菜单的介绍、滤镜的一般使用方法以及几个常用滤镜的功能和操作。其中重点介绍了【液化】和【消失点】滤镜，其中【消失点】滤镜在平衡图像间的透视关系时非常有用。

本章重点

- 滤镜的基础操作
- 液化滤镜
- 滤镜库

- 镜头校正滤镜
- 消失点滤镜
- 智能滤镜

二维码教学视频

【练习 10-1】镜头校正图像
【实例演练】制作 Q 版卡通人物

【练习 10-2】液化图像
【实例演练】制作朦胧画面

10.1 初识滤镜

Photoshop 中的滤镜功能十分强大，可以创建出各种各样的图像特效。Photoshop 2020 提供了近 100 种滤镜，可以完成纹理、杂色、扭曲和模糊等多种操作。

10.1.1 滤镜简介

Photoshop 的滤镜主要分为两部分，一部分是 Photoshop 程序内部自带的内置滤镜；另一部分是第三方厂商为 Photoshop 所生产的外挂滤镜。外挂滤镜数量较多，而且种类繁多、功能多样，用户可以使用不同的滤镜，轻松地达到创作的意图。

在【滤镜】菜单中可以找到所有 Photoshop 内置滤镜。单击【滤镜】菜单，在弹出的【滤镜】菜单中包括了多种滤镜组，在滤镜组中还包含了多种不同的滤镜效果，如图 10-1 所示。

Photoshop 的滤镜中，大部分滤镜都拥有对话框，选择【滤镜】菜单下相应的滤镜命令，可以在弹出的对话框中设置各项参数，然后单击【确定】按钮，如选择【滤镜】|【扭曲】|【波纹】命令，即可打开【波纹】对话框进行各项设置，如图 10-2 所示。

图 10-1 【滤镜】菜单

图 10-2 【波纹】对话框

10.1.2 滤镜的基础操作

在 Photoshop 中系统默认为每个滤镜都设置了效果，当应用该滤镜时，自带的滤镜效果就会应用到图像中，用户可以通过滤镜提供的参数对图像效果进行调整。

1. 预览滤镜

当用户在【滤镜】菜单下选择一种滤镜时，系统将打开对应的参数设置对话框，用户在其中可以预览到图像应用滤镜的效果，如图 10-3 和图 10-4 所示。

图 10-3　普通滤镜对话框　　　　　　　　　　　图 10-4　滤镜库对话框

　　在普通滤镜对话框中单击预览框底部的 或 按钮，可以缩小或放大预览图，如图 10-5 所示，当预览图放大到超过预览框大小时，可以在预览图中通过拖动图像来显示其他图像区域，如图 10-6 所示。

　　　　图 10-5　放大预览图　　　　　　　　　　　　图 10-6　移动预览图

2. 应用滤镜

　　设置不同的滤镜参数可以得到不同变化的图像效果，应用滤镜的具体操作如下。

　　(1) 选择要应用滤镜的图层，或使用选区工具选取要应用滤镜的图像区域。

　　(2) 从【滤镜】菜单的子菜单中选取一个滤镜。

　　(3) 选取滤镜后，如果不出现任何对话框，则说明已应用该滤镜效果，如果出现对话框，则可在对话框中调整参数，然后单击【确定】按钮即可。

> **提示**
> 对图像应用滤镜后，如果发现效果不明显，可按 Alt+Ctrl+F 组合键再次应用该滤镜。

10.2　常用滤镜的设置与应用

　　在 Photoshop 中，液化滤镜和消失点滤镜等常用滤镜对用户修图的帮助很大，下面介绍常用滤镜的具体使用方法。

计算机基础与实训教材系列

10.2.1 镜头校正滤镜

【镜头校正】滤镜可以修复常见的镜头瑕疵，如桶形和枕形失真、晕影和色差，该滤镜在 RGB 或灰度模式下只能用于 8 位/通道和 16 位/通道的图像。

【练习10-1】镜头校正图像。

(1) 打开【城市建筑.jpg】图像文件，可以看到图像有球面化效果，如图 10-7 所示。

(2) 选择【滤镜】|【镜头校正】命令，打开【镜头校正】对话框，如图 10-8 所示。

图 10-7　素材图像

图 10-8　【镜头校正】对话框

(3) 选择对话框右侧的【自动校正】选项卡，用户可以设置校正选项，在【边缘】下拉列表中可以选择相应的命令，如图 10-9 所示。

(4) 在【搜索条件】选项组中的下拉列表中可以设置相机的品牌、型号和镜头型号，如图 10-10 所示。

图 10-9　【自动校正】选项卡

图 10-10　搜索条件

(5) 选择对话框中的【自定】选项卡，可以精确地校正扭曲。这里设置【几何扭曲】中的【移去扭曲】为100、再适当调整【色差】和【变换】中的各项参数，如图 10-11 所示。

(6) 单击【确定】按钮，得到校正后的图像效果，如图 10-12 所示。

图 10-11　设置参数　　　　　　　　图 10-12　校正效果

10.2.2　液化滤镜

【液化】滤镜可以使图像产生扭曲效果，用户可以通过【液化】对话框自定义图像扭曲的范围和强度，还可以将调整好的变形效果存储起来，以便以后使用。

【练习 10-2】液化图像。

(1) 打开【儿童.jpg】图像文件，选择【滤镜】|【液化】命令，打开【液化】对话框，对话框的左侧为工具箱，中间为预览图像窗口，右侧为参数设置区，如图 10-13 所示。

(2) 单击右侧每一个选项左侧的三角形按钮，即可展开该选项，进行参数调整，如图 10-14 所示。

图 10-13　【液化】对话框　　　　　　图 10-14　展开选项

【液化】对话框中常用工具的作用如下。

▽　向前变形工具　：在预览框中单击并拖动鼠标可以使图像中的颜色产生流动效果。在对话框右侧的【画笔大小】【画笔密度】和【画笔压力】下拉列表中可以设置笔头样式。

计算机基础与实训教材系列

▽ 重建工具 ![]：可以对图像中的变形效果进行还原操作。

▽ 顺时针旋转扭曲工具 ![]：在图像中按住鼠标左键不放，可以使图像产生顺时针旋转效果。

▽ 褶皱工具 ![]：拖动鼠标，图像将产生向内压缩变形的效果。

▽ 膨胀工具 ![]：拖动鼠标，图像将产生向外膨胀放大的效果。

▽ 左推工具 ![]：拖动鼠标，图像中的像素将发生位移变形效果。

▽ 冻结蒙版工具 ![]：用于将图像中不需要变形的部分保护起来，被冻结区域将不会受到变形的处理。

▽ 解冻蒙版工具 ![]：用于解除图像中的冻结部分。

▽ 抓手工具 ![]：当图像大于预览框区域显示时，可以使用该工具拖动图像进行查看。

▽ 缩放工具 ![]：用于对图像的放大或缩小操作，直接在预览框中单击鼠标左键可以放大图像，按住 Alt 键在图像中单击可以缩小图像。

(3) 选择【向前变形工具】![]，然后将鼠标放到人物的脸部图像中，按住鼠标进行拖动，将得到图像的变形效果，如图 10-15 所示。

(4) 使用【重建工具】![]在扭曲的图像上涂抹，可以将其恢复原状，如图 10-16 所示。

图 10-15　变形图像

图 10-16　恢复图像

(5) 使用不同的液化工具可以应用不同的变形效果，在此不再逐一介绍。选择【冻结蒙版工具】![]在图像中涂抹，将部分图像进行保护，受保护的图像将以透明红色显示，如图 10-17 所示。

(6) 使用【左推工具】![]在图像中按住鼠标拖动，可以看到使用了冻结蒙版的图像效果并不能被改变，如图 10-18 所示。

图 10-17　使用冻结蒙版

图 10-18　左推图像效果

💡 提示

当用户在【液化】对话框中使用工具应用变形效果后，单击右侧的【恢复全部】按钮，可以将图像恢复到原始状态。

10.2.3　消失点滤镜

使用【消失点】滤镜可以在图像中自动应用透视原理，按照透视的角度和比例来自动适应图像的修改，从而大大节约精确设计和修饰照片所需的时间。选择【滤镜】|【消失点】命令，可以打开【消失点】对话框，如图 10-19 所示。

【消失点】对话框中常用工具的作用如下。

▽ 创建平面工具▦：打开【消失点】对话框时，该工具为默认选择的工具，在预览框中不同的位置单击 4 次，可创建一个透视平面，如图 10-20 所示。在对话框顶部的【网格大小】下拉列表框中可设置显示的密度。

图 10-19　【消失点】对话框　　　　　　　图 10-20　创建透视平面

▽ 编辑平面工具▶：选择该工具可以调整绘制的透视平面，调整时拖动平面边缘的控制点即可，如图 10-21 所示。

▽ 图章工具▲：该工具与工具箱中的【仿制图章工具】▲相同，在透视平面内按住 Alt 键并单击图像可以对图像取样，然后在透视平面其他位置单击，可以将取样图像进行复制，复制后的图像与透视平面保持相同的透视关系，如图 10-22 所示。

复制点

图 10-21　调整透视平面　　　　　　　　图 10-22　单击复制

计算机基础与实训教材系列

227

10.2.4　滤镜库

用户通过【滤镜库】可以查看到各滤镜的应用效果，滤镜库整合了【扭曲】【画笔描边】【素描】【纹理】【艺术效果】和【风格化】6 种滤镜功能，通过该滤镜库，可预览同一图像应用多种滤镜的效果。

【**练习 10-3**】在滤镜库中添加滤镜。

(1) 打开一幅素材图像，选择【滤镜】|【滤镜库】命令，打开【滤镜库】对话框，如图 10-23 所示。

(2) 在滤镜库中有 6 组滤镜，单击其中一组滤镜，即可打开该组中的其他滤镜，然后选择其中一种滤镜，可以为图像添加滤镜效果，在左侧的预览窗口中可以查看到图像的滤镜效果，如图 10-24 所示。

图 10-23　【滤镜库】对话框　　　　　　　　　图 10-24　添加滤镜

(3) 单击对话框右下角的【新建效果图层】按钮⊞，可以将该滤镜效果保存，然后再单击其他滤镜效果，可以得到两种滤镜叠加的效果，如图 10-25 所示。

图 10-25　【纹理化】滤镜效果

计算机基础与实训教材系列

10.2.5　智能滤镜

在 Photoshop 中，应用于智能对象的任何滤镜都是智能滤镜，使用智能滤镜可以将已经设置好的滤镜效果重新编辑。首先选择【滤镜】|【转换为智能滤镜】命令，将图层中的图像转换为智能对象，如图 10-26 所示，然后对该图层应用滤镜，此时【图层】面板如图 10-27 所示。单击【图层】面板中添加的滤镜效果，可以开启对应的滤镜对话框，对其进行重新编辑。

图 10-26　转换为智能对象　　　　图 10-27　【图层】面板

10.3　实例演练

本章学习了滤镜的基本操作，包括滤镜的基本操作、镜头校正滤镜、液化滤镜和滤镜库的应用等，下面通过两个练习来巩固本章所学的知识。

10.3.1　制作 Q 版卡通人物

本实例制作一个搞笑的卡通人物形象，主要通过【液化】滤镜，对人物的面部做夸张造型，然后对身体做缩小操作，得到喜剧效果。实例效果如图 10-28 所示。

图 10-28　实例效果

本实例的具体操作步骤如下。

(1) 打开【人物.jpg】素材图像，如图 10-29 所示。

(2) 选择【钢笔工具】 ，沿着人物边缘绘制路径，勾画人物图像，然后按 Ctrl+Enter 组合键将路径转换为选区。

(3) 按 Ctrl+J 组合键复制选区中的图像，得到新图层，然后隐藏背景图层，效果如图 10-30 所示。

图 10-29 打开素材图像　　　　　　　　图 10-30 隐藏背景图层后的效果

(4) 选择【滤镜】|【液化】命令，打开【液化】对话框，选择【向前变形工具】 ，设置画笔大小为 50，对人物的嘴部图像两侧向外拉伸，得到夸张的嘴巴造型，如图 10-31 所示。

(5) 选择【膨胀工具】 ，设置画笔大小为 70，在人物的两个眼睛中分别单击 2 到 3 次，得到眼睛的变形效果，如图 10-32 所示。

图 10-31 拉伸嘴巴　　　　　　　　　　图 10-32 眼睛变形效果

(6) 选择【向前变形工具】 ，在人物的头部图像两侧分别向外拉伸，得到大头效果，如图 10-33 所示。

(7) 选择【冻结蒙版工具】 ，对人物的头部做涂抹，得到红色透明图像，将头部冻结起来，以方便对身体进行操作，如图 10-34 所示。

向外拉伸

图 10-33 制作大头图像　　　　　　　　图 10-34 冻结蒙版

(8) 使用【向前变形工具】 👆，对人物的身体做向内收缩操作，如图 10-35 所示。

(9) 单击对话框中的【确定】按钮，完成人物造型的操作，效果如图 10-36 所示。

图 10-35　收缩身体

图 10-36　图像效果

(10) 打开素材图像【紫色背景.jpg】，使用【移动工具】将人物图像拖动到紫色背景图像中，如图 10-37 所示。

(11) 选择背景图层，按 Ctrl+J 组合键复制一次图层，将其放到【图层】面板最上方。选择【滤镜】|【模糊】|【高斯模糊】命令，打开【高斯模糊】对话框，设置模糊【半径】为 4.3 像素，如图 10-38 所示。

图 10-37　移动图像

图 10-38　设置模糊半径

(12) 单击【确定】按钮，得到模糊效果，然后设置该图层的混合模式为【正片叠底】，不透明度为 70%，如图 10-39 所示。

(13) 选择【橡皮擦工具】 ✎，在属性栏中设置不透明度为 50%，对复制的图像做适当的擦除，效果如图 10-40 所示。

图 10-39　图像效果

图 10-40　擦除图像

(14) 按 Ctrl+Alt+Shift+E 组合键盖印图层。

(15) 选择【滤镜】|【滤镜库】命令,打开【滤镜库】对话框,选择【纹理】|【纹理化】滤镜,设置【纹理】为【画布】,再设置其他参数,如图 10-41 所示。单击【确定】按钮,得到纹理效果,完成本实例的操作,效果如图 10-42 所示。

图 10-41　设置滤镜参数

图 10-42　图像效果

10.3.2　制作朦胧画面

本实例制作的是一个朦胧的画面效果,主要是为了练习在滤镜库中增加新的滤镜,使图像得到叠加滤镜效果,实例效果如图 10-43 所示。

图 10-43　实例效果

本实例的具体操作步骤如下。

(1) 选择【文件】|【打开】命令,打开【教堂.jpg】素材图像,如图 10-44 所示。

(2) 选择【滤镜】|【滤镜库】命令,打开【滤镜库】对话框,选择【扭曲】|【扩散亮光】滤镜,设置【粒度】为 6、【发光量】为 10、【清除数量】为 15,在图像左侧预览框中可以预览图像效果,如图 10-45 所示。

图 10-44 打开素材图像

图 10-45 使用【滤镜库】

(3) 单击【滤镜库】对话框下方的【新建效果图层】按钮⊞，然后选择【纹理】|【颗粒】滤镜，设置【颗粒类型】为【斑点】，再设置其他参数，如图 10-46 所示。

(4) 单击【确定】按钮，得到特殊的图像效果，如图 10-47 所示，至此完成本实例的制作。

图 10-46 添加滤镜

图 10-47 图像效果

10.4 习题

一、填空题

1. Photoshop 的滤镜主要分为两部分，一部分是 Photoshop 程序内部自带的_____；另一部分是第三方厂商为 Photoshop 所生产的_____。

2._____滤镜可以修复常见的镜头瑕疵，如桶形和枕形失真、晕影和色差。

二、选择题

1. 使用( )滤镜可以在图像中自动应用透视原理，按照透视的角度和比例来自动适应图像的修改。

A. 消失点　　　　　　　　　　B. 液化

C. 模糊　　　　　　　　　　　D. 智能滤镜

2. (　　　)滤镜可以使图像产生扭曲效果，用户可以通过滤镜对话框自定义图像扭曲的范围和强度。

A. 波纹　　　　　　　　　　　B. 液化

C. 风格化　　　　　　　　　　D. 消失点

三、操作题

打开【人物 2.jpg】素材图像，如图 10-48 所示，然后对人物图像进行液化操作，为人物进行瘦身处理，得到如图 10-49 所示的效果。

图 10-48　素材图像

图 10-49　瘦身处理

第11章

滤镜的深入解析

本章将学习 Photoshop 滤镜菜单各种命令的使用方法，使用 Photoshop 中的滤镜可以制作出许多不同的效果，而且还可以制作出各种效果的图片设计。在使用滤镜时，参数的设置非常重要，用户在学习的过程中可以大胆地尝试，从而了解各种滤镜的效果特点。

➡ 本章重点

▸ 滤镜库中的滤镜   ▸ 其他滤镜的应用

➡ 二维码教学视频

【练习】创建镜头模糊图像   【实例演练】制作纹理抽象图
【实例演练】制作炫光文字

11.1 滤镜库中的滤镜

在前一章中学习了滤镜库的使用方法,其中有 6 个滤镜组,下面将分别介绍滤镜库中各类滤镜的操作效果。

11.1.1 风格化滤镜组

风格化滤镜组主要通过置换像素和增加图像的对比度,使图像产生印象派及其他风格化效果。该组滤镜提供了多种滤镜效果,只有照亮边缘滤镜位于滤镜库中。

1. 照亮边缘

该滤镜是通过查找并标识颜色的边缘,为其增加类似霓虹灯的亮光效果。选择【滤镜】|【滤镜库】命令,在打开的对话框中选择【风格化】|【照亮边缘】选项,在其中可以预览图像效果,如图 11-1 所示。

图 11-1 【照亮边缘】对话框

【照亮边缘】对话框中主要选项的作用如下。

▽ 【边缘宽度】:调整数值可以增加或减少被照亮边缘的宽度。

▽ 【边缘亮度】:调整数值可以设置被照亮边缘的亮度。

▽ 【平滑度】:调整数值可以设置被照亮边缘的平滑度。

2. 查找边缘

【查找边缘】滤镜可以找出图像主要色彩的变化区域,使之产生使用铅笔勾画过的轮廓效果,打开一幅素材图像,如图 11-2 所示,然后选择【滤镜】|【风格化】|【查找边缘】命令,得到的效果如图 11-3 所示。

图 11-2　原图　　　　　　　　　　　　　图 11-3　查找边缘滤镜效果

3. 等高线

使用【等高线】滤镜可以查找图像的亮区和暗区边界，并对边缘绘制出线条比较细、颜色比较浅的线条效果。选择【滤镜】|【风格化】|【等高线】命令，打开其参数设置对话框，如图 11-4 所示，设置好参数后单击【确定】按钮可以得到如图 11-5 所示的图像效果。

图 11-4　【等高线】对话框　　　　　　　　图 11-5　图像效果

4. 风

使用【风】滤镜可以模拟风吹效果，为图像添加一些短而细的水平线。选择【滤镜】|【风格化】|【风】命令，打开其参数设置对话框，如图11-6所示，应用滤镜后的效果如图11-7所示。

图 11-6　【风】对话框　　　　　　　　　　图 11-7　风吹效果

5. 浮雕效果

使用【浮雕效果】滤镜可以描边图像，使图像显现出凸起或凹陷效果，并且能将图像的填充色转换为灰色。选择【滤镜】|【风格化】|【浮雕效果】命令，打开其对话框，如图 11-8 所示，使用【浮雕效果】滤镜后的效果如图 11-9 所示。

图 11-8　【浮雕效果】对话框　　　　　　　　图 11-9　浮雕效果

6. 扩散

使用【扩散】滤镜可以产生透过磨砂玻璃观察图片一样的分离模糊效果。选择【滤镜】|【风格化】|【扩散】命令，打开其参数设置对话框，如图 11-10 所示，应用滤镜后的效果如图 11-11 所示。

图 11-10　【扩散】对话框　　　　　　　　图 11-11　扩散效果

7. 拼贴

使用【拼贴】滤镜可以将图像分解为指定数目的方块，并且将这些方块从原来的位置移动一定的距离。选择【滤镜】|【风格化】|【拼贴】命令，打开其参数设置对话框，如图 11-12 所示，应用滤镜后的效果如图 11-13 所示。

图 11-12　【拼贴】对话框

图 11-13　拼贴效果

8. 曝光过度

使用【曝光过度】滤镜可以使图像产生正片和负片混合的效果，类似于摄影中增加光线强度产生的曝光过度效果。选择【滤镜】|【风格化】|【曝光过度】命令，得到的图像效果如图 11-14 所示。

图 11-14　曝光过度效果

9. 凸出

使用【凸出】滤镜可使选择区域或图层产生一系列块状或金字塔状的三维纹理效果。选择【滤镜】|【风格化】|【凸出】命令，打开【凸出】对话框，如图 11-15 所示，使用【凸出】滤镜后的效果如图 11-16 所示。

图 11-15　【凸出】对话框

图 11-16　凸出效果

计算机基础与实训教材系列

【凸出】对话框中主要选项的作用如下。

▽ 【类型】：设置三维块的形状。

▽ 【大小】：输入数值可设置三维块大小。

▽ 【深度】：输入数值可设置凸出深度。

▽ 【立方体正面】：选中此复选框，则对立方体的表面而不是对整个图案填充物体的平均色。此项必须在【类型】选项中选取【块】类型才有效。

▽ 【蒙版不完整块】：选中此复选框，则生成的图像中将不完全显示三维块。

10. 油画

【油画】滤镜效果可以模拟油画图像效果，让画面产生凹凸质感。选择【滤镜】|【风格化】|【油画】命令，打开【油画】对话框，设置各项参数可以调整油画效果的真实感，如图 11-17 所示，使用【油画】滤镜后的效果如图 11-18 所示。

图 11-17　【油画】对话框

图 11-18　油画效果

11.1.2　画笔描边滤镜组

画笔描边滤镜组中的命令，主要用于模拟不同的画笔或油墨笔刷来勾画图像产生绘画效果。该滤镜组中的图像都可以在【滤镜库】中操作。

1. 成角的线条

使用【成角的线条】滤镜可以使图像中的颜色产生倾斜划痕效果，图像中较亮的区域用同一个方向的线条绘制，较暗的区域用相反方向的线条绘制。打开素材图像，如图 11-19 所示，选择【滤镜】|【滤镜库】命令，在打开的对话框中选择【画笔描边】|【成角的线条】选项，设置各项参数并得到如图 11-20 所示的效果。

图 11-19　原图

图 11-20　设置【成角的线条】参数

2. 墨水轮廓

【墨水轮廓】滤镜可以产生类似钢笔绘图的风格，用细线条在原图细节上重绘图像。其参数控制区如图 11-21 所示。对应的滤镜效果如图 11-22 所示。

图 11-21　设置参数

图 11-22　墨水轮廓效果

3. 喷溅

使用【喷溅】滤镜可以模拟喷枪绘图的工作原理使图像产生喷溅效果。其参数控制区如图 11-23 所示。对应的滤镜效果如图 11-24 所示。

图 11-23　设置参数

图 11-24　喷溅效果

4. 喷色描边

【喷色描边】滤镜采用图像的主导色，用成角的、喷溅的颜色来增加斜纹飞溅效果。其参数控制区如图 11-25 所示。对应的滤镜效果如图 11-26 所示。

计算机基础与实训教材系列

图 11-25　设置参数

图 11-26　喷色描边效果

5. 强化的边缘

【强化的边缘】滤镜的作用是强化勾勒图像的边缘。其参数控制区如图 11-27 所示，对应的滤镜效果如图 11-28 所示。

图 11-27　设置参数

图 11-28　强化的边缘效果

6. 深色线条

【深色线条】滤镜用粗短、绷紧的线条来绘制图像中接近深色的颜色区域，然后用细长的白色线条绘制图像中较浅的区域。其参数控制区如图 11-29 所示。对应的滤镜效果如图 11-30 所示。

图 11-29　设置参数

图 11-30　深色线条效果

7. 烟灰墨

【烟灰墨】滤镜可以模拟饱含墨汁的湿画笔在宣纸上进行绘制的效果。其参数控制区如图 11-31 所示。对应的滤镜效果如图 11-32 所示。

图 11-31　设置参数

图 11-32　烟灰墨效果

8. 阴影线

【阴影线】滤镜将保留原图像的细节和特征，会通过模拟铅笔阴影线来添加纹理，并且色彩区域的边缘会变粗糙。其参数控制区如图 11-33 所示。对应的滤镜效果如图 11-34 所示。

图 11-33　设置参数

图 11-34　阴影线效果

11.1.3　扭曲滤镜组

扭曲类滤镜主要用于对当前图层或选区内的图像进行各种各样的扭曲变形处理，图像可以产生三维或其他变形效果。

1. 玻璃

【玻璃】滤镜可以为图像添加一种玻璃效果，在对话框中可以设置玻璃的种类，使图像看起来像是透过不同类型的玻璃来显示。打开一幅素材图像，如图 11-35 所示，选择【滤镜】|【滤镜库】命令，在打开的对话框中选择【扭曲】|【玻璃】选项，在对话框中可以设置各项参数，如图 11-36 所示。

图 11-35　原图

图 11-36　设置【玻璃】参数

【玻璃】滤镜对话框中主要选项的作用如下。

▽ 【扭曲度】：用于调节图像扭曲变形的程度，值越大，扭曲越严重。

▽ 【平滑度】：用于调整玻璃的平滑程度。

▽ 【纹理】：用于设置玻璃的纹理类型，提供了【块状】【画布】【磨砂】和【小镜头】4 个选项。

2. 海洋波纹

【海洋波纹】滤镜可以产生随机波纹效果，将其添加到图像表面。其参数控制区如图 11-37 所示。对应的滤镜效果如图 11-38 所示。

图 11-37　设置参数　　　　　　　　　　图 11-38　海洋波纹效果

3. 扩散亮光

使用【扩散亮光】滤镜可以将背景色的光晕添加到图像中较亮的部分，让图像产生一种弥漫的光漫射效果。其参数控制区如图 11-39 所示。对应的滤镜效果如图 11-40 所示。

图 11-39　设置参数　　　　　　　　　　图 11-40　扩散亮光效果

4. 波浪

【波浪】滤镜能模拟图像波动的效果，是一种较复杂并且精确的扭曲滤镜，常用于制作一些不规则的扭曲效果。选择【滤镜】|【扭曲】|【波浪】命令，其参数设置对话框如图 11-41 所示，对应的滤镜效果如图 11-42 所示。

5. 波纹

【波纹】滤镜可以模拟水波皱纹效果，常用来制作一些水面倒影图像。选择【滤镜】|【扭曲】|【波纹】命令，其参数设置对话框如图 11-43 所示，对应的滤镜效果如图 11-44 所示。

图 11-41　【波浪】对话框

图 11-42　波浪效果

图 11-43　【波纹】对话框

图 11-44　波纹效果

6. 极坐标

使用【极坐标】滤镜可以使图像产生一种极度变形的效果。选择【滤镜】|【扭曲】|【极坐标】命令，其参数设置对话框如图 11-45 所示，其中有两种设置，选择【平面坐标到极坐标】单选按钮后，图像效果如图 11-46 所示；选择【极坐标到平面坐标】单选按钮后，得到的图像效果如图 11-47 所示。

图 11-45　【极坐标】对话框

图 11-46　平面坐标到极坐标效果

图 11-47　极坐标到平面坐标效果

7. 挤压

使用【挤压】滤镜可以选择全部图像或部分图像，使选择的图像产生一个向外或向内挤压的变形效果。选择【滤镜】|【扭曲】|【挤压】命令，其参数设置对话框如图 11-48 所示，得到的图像效果如图 11-49 所示。

图 11-48　【挤压】对话框

图 11-49　挤压效果

8. 切变

　　【切变】滤镜可以通过调节变形曲线来控制图像的弯曲程度。选择【滤镜】|【扭曲】|【切变】命令，在弹出的【切变】对话框中可调整切变曲线，如图 11-50 所示，单击【确定】按钮，效果如图 11-51 所示。

图 11-50　【切变】对话框

图 11-51　切变效果

9. 球面化

　　【球面化】滤镜可以通过立体化球形的镜头形态来扭曲图像，得到与挤压滤镜相似的图像效果，但它可以在垂直、水平方向上进行变形。选择【滤镜】|【扭曲】|【球面化】命令，其参数设置对话框如图 11-52 所示，图像效果如图 11-53 所示。

图 11-52　【球面化】对话框

图 11-53　球面化效果

10. 水波

【水波】滤镜可以模拟水面上产生的漩涡波纹效果。选择【滤镜】|【扭曲】|【水波】命令，其参数设置对话框如图 11-54 所示，图像效果如图 11-55 所示。

图 11-54　【水波】对话框　　　　图 11-55　水波效果

11. 旋转扭曲

【旋转扭曲】滤镜可以使图像产生顺时针或逆时针旋转的效果。图像中心的旋转程度比边缘的旋转程度大，对话框的参数设置如图 11-56 所示，图像效果如图 11-57 所示。

图 11-56　【旋转扭曲】对话框　　　　图 11-57　旋转扭曲效果

12. 置换

【置换】滤镜是根据另一个 PSD 格式文件的明暗度将当前图像的像素进行移动，使图像产生扭曲的效果。

11.1.4　素描滤镜组

素描滤镜组用于在图像中添加各种纹理，使图像产生素描、三维及速写的艺术效果。该滤镜组提供了 14 种滤镜效果，全部位于该滤镜库中。

1. 半调图案

使用【半调图案】滤镜可以使用前景色显示凸显中的阴影部分，使用背景色显示高光部分，使图像产生一种网板图案效果。打开一幅素材图像，如图 11-58 所示，选择【滤镜】|【滤镜库】

命令，在打开的对话框中选择【素描】|【半调图案】选项，在【半调图案】对话框中可以设置各项参数，如图 11-59 所示，其图像效果可在左侧的预览框中查看。

图 11-58　原图

图 11-59　设置参数

2. 便条纸

【便条纸】滤镜可以模拟凹陷压印图案，使图像产生草纸画效果。其参数控制区如图 11-60 所示，对应的滤镜效果如图 11-61 所示。

图 11-60　设置参数

图 11-61　便条纸效果

3. 粉笔和炭笔

【粉笔和炭笔】滤镜主要是使用前景色和背景色来重绘图像，使图像产生被粉笔和炭笔涂抹的草图效果。在处理过程中，使用粗糙的粉笔绘制中间调背景色，处理图像较亮的区域，而炭笔将使用前景色来处理图像较暗的区域。该滤镜的参数控制区如图 11-62 所示，对应的滤镜效果如图 11-63 所示。

图 11-62　设置参数

图 11-63　粉笔和炭笔效果

4. 铬黄渐变

使用【铬黄渐变】滤镜可以使图像产生液态金属效果，原图像的颜色会完全丢失。该滤镜的参数控制区如图 11-64 所示，对应的滤镜效果如图 11-65 所示。

图 11-64　设置参数　　　　　　　　　　图 11-65　铬黄渐变效果

5. 绘图笔

【绘图笔】滤镜使用精细且具有一定方向的油墨线条重绘图像效果。该滤镜对油墨使用前景色，较亮的区域使用背景色。该滤镜的参数控制区如图 11-66 所示，对应的滤镜效果如图 11-67 所示。

图 11-66　设置参数　　　　　　　　　　图 11-67　绘图笔效果

6. 基底凸现

【基底凸现】滤镜可以使图像产生一种粗糙的浮雕效果。该滤镜的参数控制区如图 11-68 所示，对应的滤镜效果如图 11-69 所示。

图 11-68　设置参数　　　　　　　　　　图 11-69　基底凸现效果

计算机基础与实训教材系列

7. 石膏效果

使用【石膏效果】滤镜可以在图像上产生黑白浮雕图像效果，该滤镜效果黑白对比较明显。该滤镜的参数控制区如图 11-70 所示，在对话框中可以设置图像平衡、平滑度和光照方向，其对应的滤镜效果如图 11-71 所示。

图 11-70　设置参数

图 11-71　石膏效果

8. 水彩画纸

使用【水彩画纸】滤镜可以在图像上产生水彩效果，就好像绘制在潮湿的纤维纸上，颜色溢出、混合的渗透效果。该滤镜的参数控制区如图 11-72 所示，在对话框中可以设置纸张湿润的程度及笔触的长度、亮度和对比度，其对应的滤镜效果如图 11-73 所示。

图 11-72　设置参数

图 11-73　水彩画纸效果

9. 撕边

【撕边】滤镜适用于高对比度图像，它可以模拟出撕破的纸片效果。该滤镜的参数控制区如图 11-74 所示，其对应的滤镜效果如图 11-75 所示。

图 11-74　设置参数

图 11-75　撕边效果

10. 炭精笔

【炭精笔】滤镜可以模拟使用炭精笔绘制图像的效果,在暗区使用前景色绘制,在亮区使用背景色绘制。该滤镜的参数控制区如图 11-76 所示,其对应的滤镜效果如图 11-77 所示。

图 11-76　设置参数　　　　　　　　图 11-77　炭精笔效果

11. 炭笔

【炭笔】滤镜在图像中创建海报化、涂抹的效果。图像中主要的边缘用粗线绘制,中间色调用对角线素描,其中碳笔使用前景色,纸张使用背景色。该滤镜的参数控制区如图 11-78 所示,其对应的滤镜效果如图 11-79 所示。

图 11-78　设置参数　　　　　　　　图 11-79　炭笔效果

12. 图章

【图章】滤镜可以使图像简化、突出主体,看起来好像用橡皮或木制图章盖上去一样。该滤镜一般用于黑白图像。该滤镜的参数控制区如图 11-80 所示,其对应的滤镜效果如图 11-81 所示。

13. 网状

【网状】滤镜可以模拟胶片感光乳剂的受控收缩和扭曲的效果,使图像的暗色调区域好像被结块,高光区域好像被颗粒化。该滤镜的参数控制区如图 11-82 所示,其对应的滤镜效果如图 11-83 所示。

图 11-80　设置参数

图 11-81　图章效果

图 11-82　设置参数

图 11-83　网状效果

14. 影印

　　【影印】滤镜用于模拟图像影印的效果。该滤镜的参数控制区如图 11-84 所示,其对应的滤镜效果如图 11-85 所示。

图 11-84　设置参数

图 11-85　影印效果

11.1.5　纹理滤镜组

　　使用纹理滤镜组可以为图像添加各种纹理效果,营造图像的深度感和材质感。该组滤镜提供了 6 种滤镜效果,全部位于该滤镜库中。选择【滤镜】|【滤镜库】命令,在打开的对话框中可以使用纹理组滤镜。

1. 龟裂缝

　　【龟裂缝】滤镜可以在图像中随机绘制一个高凸现的龟裂纹理,并且产生浮雕效果。打开一幅素材图像，如图 11-86 所示，选择【龟裂缝】命令，在打开的对话框中可以设置各项参数，如图 11-87 所示，其图像效果可在左侧的预览框中查看。

图 11-86 原图

图 11-87 设置【龟裂缝】参数

2. 颗粒

【颗粒】滤镜可以模拟不同种类的颗粒纹理，并将其添加到图像中。选择【颗粒】命令，该滤镜的参数控制区如图 11-88 所示，在【颗粒类型】下拉列表框中可以选择各种颗粒类型，如选择【强反差】命令，其对应的滤镜效果如图 11-89 所示。

图 11-88 设置参数

图 11-89 颗粒效果

3. 马赛克拼贴

使用【马赛克拼贴】滤镜可以在图像表面产生不规则、类似马赛克的拼贴效果。该滤镜的参数控制区如图 11-90 所示，其对应的滤镜效果如图 11-91 所示。

图 11-90 设置参数

图 11-91 马赛克拼贴效果

4. 拼缀图

使用【拼缀图】滤镜可以自动将图像分割成多个规则的矩形块，并且每个矩形块内填充单一的颜色，模拟出瓷砖拼贴的图像效果。该滤镜的参数控制区如图 11-92 所示，其对应的滤镜效果如图 11-93 所示。

图 11-92　设置参数

图 11-93　拼缀图效果

5. 染色玻璃

【染色玻璃】滤镜可以模拟出透过花玻璃看图像的效果，并且使用前景色勾画单色的相邻单元格。该滤镜的参数控制区如图 11-94 所示，其对应的滤镜效果如图 11-95 所示。

图 11-94　设置参数

图 11-95　染色玻璃效果

6. 纹理化

使用【纹理化】滤镜可以为图像添加预设的纹理或者自己创建的纹理效果。该滤镜的参数控制区如图 11-96 所示，在【光照】下拉列表框中可以选择光照的方向，其对应的滤镜效果如图 11-97 所示。

图 11-96　设置参数

图 11-97　纹理化效果

11.1.6 艺术效果滤镜组

艺术效果滤镜组模仿自然或传统绘画手法的途径，将图像制作成天然或传统的艺术图像效果。该组滤镜提供了 15 种滤镜效果，全部位于该滤镜库中。选择【滤镜】|【滤镜库】命令，在打开的对话框中可以直接打开艺术效果组滤镜。

1. 壁画

【壁画】滤镜主要通过短、圆和潦草的斑点来模拟粗糙的绘画风格。打开一幅素材图像，如图 11-98 所示，选择【壁画】命令，打开其对话框，设置各项参数后图像效果将显示在左侧预览框中，如图 11-99 所示。

图 11-98 原图

图 11-99 设置【壁画】参数

2. 彩色铅笔

使用【彩色铅笔】滤镜可以在图像上模拟彩色铅笔在图纸上绘图的效果，其参数控制区如图 11-100 所示，对应的滤镜效果如图 11-101 所示。

图 11-100 设置参数

图 11-101 彩色铅笔效果

3. 粗糙蜡笔

使用【粗糙蜡笔】滤镜可以模拟蜡笔在纹理背景上绘图的效果，从而生成一种纹理浮雕效果。其参数控制区如图 11-102 所示，对应的滤镜效果如图 11-103 所示。

计算机基础与实训教材系列

图 11-102　设置参数

图 11-103　粗糙蜡笔效果

4. 底纹效果

使用【底纹效果】滤镜可以模拟在带纹理的底图上绘画的效果，从而使整个图像产生一层底纹效果。其参数控制区如图 11-104 所示，对应的滤镜效果如图 11-105 所示。

图 11-104　设置参数

图 11-105　底纹效果

5. 干画笔

使用【干画笔】滤镜可以模拟使用干画笔绘制图像边缘的效果，该滤镜通过将图像的颜色范围减少为常用颜色区来简化图像。其参数控制区如图 11-106 所示，对应的滤镜效果如图 11-107 所示。

图 11-106　设置参数

图 11-107　干画笔效果

6. 海报边缘

使用【海报边缘】滤镜将减少图像中的颜色复杂度，在颜色变化大的区域边界填上黑色，使图像产生海报画的效果。其参数控制区如图 11-108 所示，滤镜效果如图 11-109 所示。

图 11-108　设置参数

图 11-109　海报边缘效果

7. 海绵

使用【海绵】滤镜可以模拟海绵在图像上绘画的效果，使图像带有强烈的对比色纹理。其参数控制区如图 11-110 所示，对应的滤镜效果如图 11-111 所示。

图 11-110　设置参数

图 11-111　海绵效果

8. 绘画涂抹

【绘画涂抹】滤镜可以选取各种大小和各种类型的画笔来创建画笔涂抹效果。其参数控制区如图 11-112 所示，在【画笔类型】下拉列表框中有多种画笔类型，选择【简单】选项后，效果如图 11-113 所示。

图 11-112　设置参数

图 11-113　绘画涂抹效果

9. 胶片颗粒

使用【胶片颗粒】滤镜在图像表面产生胶片颗粒状纹理效果。其参数控制区如图 11-114 所示，对应的滤镜效果如图 11-115 所示。

计算机基础与实训教材系列

图 11-114 设置参数

图 11-115 胶片颗粒效果

10. 木刻

使用【木刻】滤镜可以使图像产生木雕画效果。对比度较强的图像运用该滤镜将呈剪影状，而一般彩色图像使用该滤镜则呈现彩色剪纸状。例如，选择【木刻】选项，然后设置其参数，如图 11-116 所示，得到的图像效果如图 11-117 所示。

图 11-116 设置参数

图 11-117 木刻效果

11. 霓虹灯光

使用【霓虹灯光】滤镜将在图像中颜色对比反差较大的边缘处产生类似霓虹灯发光效果，单击【发光颜色】后面的色块，可以在打开的对话框中设置霓虹灯颜色。其参数控制区如图 11-118 所示，对应的滤镜效果如图 11-119 所示。

图 11-118 设置参数

图 11-119 霓虹灯光效果

12. 水彩

使用【水彩】滤镜将简化图像细节，并模拟使用水彩笔在图纸上绘画的效果。其参数控制区如图 11-120 所示，对应的滤镜效果如图 11-121 所示。

图 11-120　设置参数

图 11-121　水彩效果

13. 塑料包装

使用【塑料包装】滤镜可以使图像表面产生类似透明塑料袋包裹物体的效果，表面细节很突出。其参数控制区如图 11-122 所示，对应的滤镜效果如图 11-123 所示。

图 11-122　设置参数

图 11-123　塑料包装效果

14. 调色刀

使用【调色刀】滤镜可以使图像中的细节减少，图像产生薄薄的画布效果，露出下面的纹理。其参数控制区如图 11-124 所示，对应的滤镜效果如图 11-125 所示。

图 11-124　设置参数

图 11-125　调色刀效果

计算机基础与实训教材系列

15. 涂抹棒

【涂抹棒】滤镜使用短的对角线涂抹图像的较暗区域来柔和图像，可增大图像的对比度。其参数控制区如图 11-126 所示，对应的滤镜效果如图 11-127 所示。

图 11-126 设置参数

图 11-127 涂抹棒效果

11.2 其他滤镜的应用

除了滤镜库中的滤镜外，在 Photoshop 中还有很多使用单独对话设置参数的滤镜，以及无对话框滤镜，下面分别做介绍。

11.2.1 像素化滤镜组

像素化滤镜组会将图像转换成平面色块组成的图案，使图像分块或平面化，通过不同的设置达到截然不同的效果。

1. 彩块化

使用【彩块化】滤镜可以让图像中纯色或相似颜色的像素结成相近颜色的像素块，从而使图像产生类似宝石刻画的效果，该滤镜没有参数设置对话框，直接使用即可，使用后的凸显效果比原图像更模糊。

2. 彩色半调

使用【彩色半调】滤镜可以将图像分成矩形栅格，从而使图像产生彩色半色调的网点。对于图像中的每个通道，该滤镜用小矩形将图像分割，并用圆形图像替换矩形图像，圆形的大小与矩形的亮度成正比。打开一幅素材图像，如图 11-128 所示。选择【彩色半调】命令可以打开其对话框，如图 11-129 所示，设置各项参数后得到的滤镜效果如图 11-130 所示。

图 11-128   原图

图 11-129 【彩色半调】对话框

图 11-130 图像效果

3. 点状化

【点状化】滤镜将图像中的颜色分解为随机分布的网点，并使用背景色填充空白处。打开其参数对话框，如图 11-131 所示，设置各项参数后得到的滤镜效果如图 11-132 所示。

图 11-131　【点状化】对话框

图 11-132　点状化效果

4. 晶格化

【晶格化】滤镜可以将图像中的像素结块为纯色的多边形。选择【晶格化】命令打开其参数对话框，如图 11-133 所示，设置各项参数后得到的滤镜效果如图 11-134 所示。

图 11-133　【晶格化】对话框

图 11-134　晶格化效果

5. 马赛克

【马赛克】滤镜可以使图像中的像素形成方形块，并且使方形块中的颜色统一。选择【马赛克】命令，打开其对话框，如图 11-135 所示，设置各项参数后得到的滤镜效果如图 11-136 所示。

图 11-135　【马赛克】对话框

图 11-136　马赛克效果

计算机基础与实训教材系列

6. 碎片

使用【碎片】滤镜可以使图像的像素复制 4 倍，然后将它们平均移位并降低不透明度，从而产生模糊效果，该滤镜无参数设置对话框。

7. 铜版雕刻

【铜版雕刻】滤镜可以在图像中随机分布各种不规则的线条和斑点，在图像中产生镂刻的版画效果，选择【马赛克】命令，打开其对话框，如图 11-137 所示，在【类型】下拉列表中选择【精细点】选项后得到的滤镜效果如图 11-138 所示。

图 11-137　【铜版雕刻】对话框　　　　图 11-138　铜版雕刻效果

11.2.2　模糊滤镜组

对图像使用模糊类滤镜，可以使图像相邻像素间过渡平滑，从而使图像变得更加柔和。模糊滤镜组都不在滤镜库中显示，大部分都有独立的对话框。

1. 模糊和进一步模糊

使用【模糊】滤镜可以对图像边缘进行模糊处理；使用【进一步模糊】滤镜的模糊效果与【模糊】滤镜的效果相似，但要比【模糊】滤镜的效果强 3~4 倍。这两个滤镜都没有参数设置对话框。打开一幅素材图像，如图 11-139 所示，对其进行模糊和进一步模糊操作后的效果如图 11-140 所示。

图 11-139　原图　　　　　　　　图 11-140　图像模糊效果

2. 表面模糊

【表面模糊】滤镜在模糊图像的同时还会保留原图像边缘。选择【滤镜】|【模糊】|【表面模糊】命令，打开其参数对话框，如图 11-141 所示，得到的滤镜效果如图 11-142 所示。

图 11-141　【表面模糊】对话框

图 11-142　表面模糊效果

3. 动感模糊

【动感模糊】滤镜可以使静态图像产生运动的模糊效果，通过对某一方向上的像素进行线性位移来产生运动的模糊效果。其参数设置对话框如图 11-143 所示，得到的滤镜效果如图 11-144 所示。

图 11-143　【动感模糊】对话框

图 11-144　动感模糊效果

4. 方框模糊

使用【方框模糊】滤镜可在图像中使用邻近像素颜色的平均值来模糊图像。选择该命令后，其参数设置对话框如图 11-145 所示，得到的滤镜效果如图 11-146 所示。

图 11-145　【方框模糊】对话框

图 11-146　方框模糊效果

计算机基础与实训教材系列

5. 径向模糊

使用【径向模糊】滤镜可以模拟出前后移动图像或旋转图像产生的模糊效果,制作出的模糊效果很柔和。【径向模糊】对话框如图 11-147 所示,在对话框中可以设置模糊的【数量】【模糊方法】和【品质】,设置其参数后得到的滤镜效果如图 11-148 所示。

图 11-147　【径向模糊】对话框　　　　　　　　　图 11-148　径向模糊效果

6. 镜头模糊

使用【镜头模糊】滤镜可以使图像模拟摄像时镜头抖动产生的模糊效果。选择【镜头模糊】命令后,其对话框如图 11-149 所示,对话框左侧为图像预览图,右侧为参数设置区。

图 11-149　【镜头模糊】对话框

【镜头模糊】对话框中主要选项的作用如下。

▽　【预览】:选中该复选框后可以预览滤镜效果。其下方的单选按钮用于设置预览方式,选中【更快】单选按钮可以快速预览调整参数后的效果,选中【更加准确】单选按钮可以精确计算模糊的效果,但会增加预览的时间。

▽　【深度映射】:通过设置【模糊焦距】数值可以改变模糊镜头的焦距。

▽　【光圈】:用于对图像的模糊进行设置。

▽　【镜面高光】:用于调整模糊镜面亮度的强弱程度。

▽　【杂色】:在模糊过程中为图像添加杂色。

7. 高斯模糊

使用【高斯模糊】滤镜可以对图像整体进行模糊处理，根据高斯曲线调节图像的像素色值。其参数设置对话框如图 11-150 所示，得到的滤镜效果如图 11-151 所示。

图 11-150　【高斯模糊】对话框

图 11-151　高斯模糊效果

8. 平均模糊

选择【平均模糊】命令后，系统自动查找图像或选区的平均颜色进行模糊处理。一般情况下将会得到一片单一的颜色。

9. 特殊模糊

【特殊模糊】滤镜主要用于对图像进行精确模糊，是唯一不模糊图像轮廓的模糊方式。其参数设置对话框如图 11-152 所示，在其【模式】下拉列表框中可以选择模糊的模式，【特殊模糊】滤镜效果如图 11-153 所示。

图 11-152　【特殊模糊】对话框

图 11-153　特殊模糊效果

10. 形状模糊

【形状模糊】滤镜是根据对话框中预设的形状来创建模糊效果。其参数设置对话框如图 11-154 所示，在对话框中可以选择模糊的形状，模糊后的图像效果如图 11-155 所示。

图 11-154　【形状模糊】对话框

图 11-155　形状模糊效果

11.2.3　模糊画廊滤镜组

在 Photoshop 2020 中有 5 种模糊画廊滤镜，使用这 5 种滤镜能够模拟相机浅景深效果，给照片添加背景虚化，用户可在画面中设置保持清晰的位置，以及虚化范围和程度等参数。这 5 种滤镜的参数设置和使用方法都一致。

【练习】创建镜头模糊图像。

(1) 打开【风景.jpg】素材图像，如图 11-156 所示，选择【滤镜】|【模糊画廊】|【轴移模糊】命令，图像中即可显示图钉和范围控制点，如图 11-157 所示。

(2) 在图像底部单击，增加一个图钉，使图像前方并不显示模糊效果，如图 11-158 所示。

图 11-156　原图

图 11-157　使用滤镜

图 11-158　增加图钉

(3) 在打开的【模糊工具】面板中设置模糊参数，如图 11-159 所示，【轴移模糊】将显示为【倾斜偏移】。在【效果】面板中设置散景参数，如图 11-160 所示。

(4) 按 Enter 键即可完成操作，得到景深图像效果，效果如图 11-161 所示。

图 11-159 设置模糊参数

图 11-160 设置散景参数

图 11-161 图像效果

用户还可以在【模糊工具】面板中同时使用【场景模糊】和【光圈模糊】滤镜。选择【场景模糊】滤镜后的图像如图 11-162 所示，同样可以在图像中添加图钉，【模糊工具】面板如图 11-163 所示。

图 11-162 场景模糊图像效果

图 11-163 设置【场景模糊】参数

选择【光圈模糊】滤镜后的图像如图 11-164 所示，用户可以在图像中调整光圈的大小，用以控制模糊图像的范围，【模糊工具】面板如图 11-165 所示。

图 11-164 光圈模糊图像效果

图 11-165 设置【光圈模糊】参数

11.2.4 杂色滤镜组

杂色滤镜组可以在图像中添加彩色或单色杂点效果,或者将图像中的杂色移去。该组滤镜对图像有优化的作用,因此在输出图像的时候经常使用。

1. 去斑

【去斑】滤镜可以检测图像边缘并模糊其他图像区域,从而达到掩饰图像中细小斑点、消除轻微折痕的效果。该滤镜无参数设置对话框,执行滤镜效果并不明显。

2. 蒙尘与划痕

【蒙尘与划痕】滤镜是通过将图像中有缺陷的像素融入周围的像素,使图像产生柔和的效果。打开一幅素材图像,如图 11-166 所示。选择【蒙尘与划痕】命令即可打开其对话框,如图 11-167 所示,设置各项参数后得到的滤镜效果如图 11-168 所示。

图 11-166　原图　　　　图 11-167　【蒙尘与划痕】对话框　　　图 11-168　图像效果

3. 减少杂色

【减少杂色】滤镜可以在保留图像边缘的同时减少图像中各个通道中的杂色,它具有比较智能化的减少杂色的功能。选择【减少杂色】命令,打开其对话框,如图 11-169 所示,设置参数后可以在预览框中查看图像效果。

图 11-169　设置【减少杂色】选项

4．添加杂色

使用【添加杂色】滤镜可以在图像上添加随机像素，在对话框中可以设置添加杂色为单色或彩色。选择【添加杂色】命令，打开其对话框，如图 11-170 所示，设置其参数后得到的滤镜效果如图 11-171 所示。

图 11-170　【添加杂色】对话框　　　　　图 11-171　添加杂色效果

5．中间值

【中间值】滤镜主要是混合图像中像素的亮度，以减少图像中的杂色。该滤镜对于消除或减少图像中的动感效果非常有用。选择【中间值】命令，打开其对话框，如图 11-172 所示，设置其参数后得到的滤镜效果如图 11-173 所示。

图 11-172　【中间值】对话框　　　　　图 11-173　中间值效果

11.2.5　渲染滤镜组

渲染滤镜组提供了 8 种滤镜，主要用于模拟不同的光源照明效果，创建出云彩图案、折射图案等，下面介绍几种常用的渲染滤镜。

1．云彩和分层云彩

【云彩】滤镜使用前景色和背景色相融合，随机生成云彩状图案，并填充到当前图层或选区中。【分层云彩】滤镜和【云彩】滤镜类似，都是使用前景色和背景色随机产生云彩图案，不同的是【分层云彩】滤镜生成的云彩图案不会替换原图，而是按差值模式与原图混合。打开一幅素材图像，如图 11-174 所示，设置前景色为黄色，背景色为白色，使用【分层云彩】滤镜后的效果如图 11-175 所示。

图 11-174　原图

图 11-175　分层云彩效果

2. 光照效果

使用【光照效果】滤镜可以对平面图像产生类似三维光照的效果，选择该命令将进入【属性】面板，在其中可以设置各选项参数，如图 11-176 所示，图像效果如图 11-177 所示。

图 11-176　【属性】面板

图 11-177　光照效果

3. 镜头光晕

使用【镜头光晕】滤镜可以模拟出照相机镜头产生的折射光效果。选择【镜头光晕】命令，打开其对话框，如图 11-178 所示，得到的滤镜效果如图 11-179 所示。

图 11-178　【镜头光晕】对话框

图 11-179　镜头光晕效果

4. 纤维

　　【纤维】滤镜可以使用前景色和背景色创建出编辑纤维的图像效果。选择【纤维】命令，打开其对话框，如图 11-180 所示，设置参数后得到的滤镜效果如图 11-181 所示。

图 11-180　【纤维】对话框

图 11-181　纤维效果

11.2.6　锐化滤镜组

　　锐化滤镜组通过增加相邻图像像素的对比度，使模糊的图像变得清晰，画面更加鲜明、细腻。下面介绍一下常用的锐化滤镜。

1. USM 锐化

　　使用【USM 锐化】滤镜将在图像中相邻像素之间增大对比度，使图像边缘清晰。打开一幅素材图像，如图 11-182 所示。选择【USM 锐化】命令，打开其对话框，如图 11-183 所示，设置参数后得到的滤镜效果如图 11-184 所示。

图 11-182　原图　　　　　图 11-183　【USM 锐化】对话框　　　　　图 11-184　图像效果

2. 智能锐化

　　【智能锐化】滤镜比【USM 锐化】滤镜更加智能化，可以设置锐化算法或控制在阴影和高光区域中进行的锐化量，以获得更好的边缘检测并减少锐化晕圈。选择【智能锐化】命令，打开其对话框，设置参数后可以在其左侧的预览框中查看图像效果。展开【阴影】选项，可以在其中设置锐化、阴影和高光参数，如图 11-185 所示。

图 11-185　【智能锐化】滤镜参数

3. 锐化边缘、锐化和进一步锐化

【锐化边缘】滤镜通过查找图像中颜色发生显著变化的区域进行锐化;【锐化】滤镜可增加图像像素间的对比度,使图像更清晰;【进一步锐化】滤镜和锐化滤镜功效相似,只是锐化效果更加强烈。

11.3　实例演练

本章对滤镜进行了深入的解析,对各类常用滤镜进行了详细介绍,下面通过两个练习来巩固本章所学的知识。

11.3.1　制作炫光文字

本实例将使用滤镜制作一个炫光文字效果,首先结合渐变工具和羽化选区的功能,得到背景效果,再为文字添加多种图层样式,最后为文字应用滤镜效果。实例效果如图 11-186 所示。

图 11-186　图像效果

本实例的具体操作步骤如下。

(1) 选择【文件】|【新建】命令,新建一个图像文件,填充背景为黑色,如图 11-187 所示。

(2) 选择【渐变工具】 　，在属性栏中打开【渐变编辑器】对话框，设置颜色从蓝色 (R6,G101,B177)到黑色，如图 11-188 所示。

图 11-187　新建图像文件

图 11-188　设置渐变颜色

(3) 单击【确定】按钮回到画面中，单击属性栏中的【径向渐变】按钮，然后在图像中心按住鼠标左键向外拖动进行填充，效果如图 11-189 所示。

(4) 选择【矩形选框工具】　，在属性栏中设置羽化值为 25，然后在图像下方绘制一个矩形选区，如图 11-190 所示。

图 11-189　填充颜色

图 11-190　绘制矩形选区

(5) 选择【渐变工具】　，打开【渐变编辑器】对话框，设置颜色从黑色到蓝色(R6,G101,B177)，并设置蓝色上方的色标不透明度为 0，如图 11-191 所示。

(6) 在属性栏中设置渐变方式为【线性渐变】，然后对选区从下到上进行填充，得到的图像效果如图 11-192 所示。

图 11-191　设置颜色

图 11-192　填充选区

计算机基础与实训教材系列

(7) 选择【横排文字工具】 T，在图像中输入文字，然后在属性栏中设置字体为 Stencil Std，效果如图 11-193 所示。

(8) 在【图层】面板中设置文字图层的填充为 0，选择【图层】|【图层样式】|【斜面和浮雕】命令，在打开的对话框中设置样式为【内斜面】，再设置其他参数，如图 11-194 所示。

图 11-193　输入文字

图 11-194　设置【斜面和浮雕】参数

(9) 选择【外发光】选项，设置外发光颜色为白色，混合模式为【颜色减淡】，再设置其他项参数，如图 11-195 所示。

(10) 选择【光泽】选项，设置光泽颜色为白色，混合模式为【线性减淡(添加)】，然后再选择等高线样式为【锥形】，如图 11-196 所示。

图 11-195　设置【外发光】参数

图 11-196　设置【光泽】参数

(11) 设置好各项参数后单击【确定】按钮，得到的文字效果如图 11-197 所示。

(12) 新建一个图层，使用【矩形选框工具】 在文字中绘制一个矩形选区，填充为白色，如图 11-198 所示。

图 11-197　文字效果

图 11-198　绘制矩形

(13) 在【图层】面板中设置白色矩形图层的填充为 0, 然后选择【图层】|【图层样式】|【渐变叠加】命令, 打开【图层样式】对话框, 设置混合模式为【线性减淡(添加)】, 渐变颜色从白色到透明, 如图 11-199 所示, 单击【确定】按钮, 得到的图像效果如图 11-200 所示。

图 11-199　设置参数

图 11-200　图像效果

(14) 按住 Ctrl 键单击文字图层载入选区, 然后确认选择的是白色矩形所在图层, 单击【图层】面板底部的【添加图层蒙版】按钮 ⬜, 得到的图像效果如图 11-201 所示。

(15) 选择文字图层, 按下 Ctrl+J 组合键复制一次图层, 然后选择【编辑】|【变换】|【垂直翻转】命令, 将文字向下移动, 效果如图 11-202 所示。

图 11-201　添加图层蒙版

图 11-202　复制文字

(16) 设置复制的文字图层的不透明度为 59%, 再添加图层蒙版, 使用【画笔工具】✐ 在图像下方进行涂抹, 隐藏下部分图像, 得到投影效果, 如图 11-203 所示。

(17) 新建一个图层, 并将其放到背景图层上方, 使用【椭圆选框工具】◯ 在图像中绘制一个椭圆选区, 填充为蓝色(R8,G120,B204), 效果如图 11-204 所示。

图 11-203　得到投影效果

图 11-204　绘制椭圆

(18) 按 Ctrl+D 组合键取消选区，选择【滤镜】|【模糊】|【高斯模糊】命令，打开【高斯模糊】对话框，设置【半径】为 20，如图 11-205 所示，单击【确定】按钮。

(19) 选择【滤镜】|【模糊】|【动感模糊】命令，打开【动感模糊】对话框，设置各项参数如图 11-206 所示，单击【确定】按钮，得到的图像效果如图 11-207 所示。

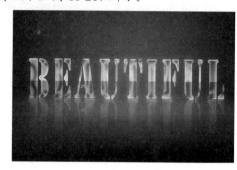

图 11-205　设置高斯模糊　　图 11-206　设置动感模糊　　　　图 11-207　图像模糊效果

(20) 新建一图层。然后使用【椭圆选框工具】 在同样的位置绘制一个较小的椭圆选区，填充为白色，并为其应用【高斯模糊】和【动感模糊】命令，得到的效果如图 11-208 所示。

(21) 在【图层】面板中设置不透明度为 80%，图层混合模式为【滤色】，得到的图像效果如图 11-209 所示。

图 11-208　再次绘制椭圆　　　　　　　　图 11-209　图像效果

(22) 新建一个图层，选择【画笔工具】 ，在属性栏中打开【画笔设置】面板，选择画笔样式为【尖角】，然后再设置【大小】和【间距】参数，如图 11-210 所示。

(23) 选择【形状动态】选项，设置各项参数如图 11-211 所示，再选择【散布】选项，设置各项参数如图 11-212 所示。

图 11-210　选择画笔样式　　　图 11-211　设置形状动态　　　图 11-212　设置散布

(24) 设置好画笔样式后，设置前景色为白色，在图像中绘制出白色圆点，如图 11-213 所示。

(25) 在【图层】面板中设置图层的混合模式为【叠加】，得到的图像效果如图 11-214 所示。

图 11-213　绘制圆点　　　　　　　　　　　图 11-214　图像效果

(26) 最后调整图像的整体明暗对比度，在【图层】面板中选择最顶层的图层，选择【图层】|【新建调整图层】|【曲线】命令，打开【属性】面板，在其中调整曲线，如图 11-215 所示，得到的图像效果如图 11-216 所示，完成本实例的操作。

图 11-215　调整曲线　　　　　　　　　　图 11-216　图像效果

11.3.2　制作纹理抽象图

本实例将结合使用多种滤镜，制作一个带有纹理的抽象画，练习滤镜的应用方法，实例效果如图 11-217 所示。

图 11-217　实例效果

计算机基础与实训教材系列

本实例的具体操作步骤如下。

(1) 打开【捧花美女.jpg】图像，如图 11-218 所示，下面将使用滤镜命令对图像制作纹理抽象画效果。

(2) 按 Ctrl+J 组合键复制背景图层，得到图层 1，如图 11-219 所示。

图 11-218　打开素材图像　　　　　　　　　图 11-219　复制背景图层

(3) 选择【滤镜】|【风格化】|【查找边缘】命令，得到图像的查找边缘效果，如图 11-220 所示。

(4) 选择【滤镜】|【风格化】|【扩散】命令，打开【扩散】对话框，如图 11-221 所示，选择【模式】为【变暗优先】。

图 11-220　查找边缘效果　　　　　　　　　图 11-221　【扩散】对话框

(5) 单击【确定】按钮，得到添加滤镜后的图像效果，如图 11-222 所示。

(6) 选择背景图层，按 Ctrl+J 组合键复制背景图层，并将得到的【背景拷贝】图层放到最上层，如图 11-223 所示。

图 11-222　滤镜效果　　　　　　　　　　　图 11-223　复制图层

(7) 设置【背景拷贝】图层的混合模式为【点光】，图像与下一层图像内容融合，效果如图 11-224 所示。

(8) 复制一次背景图层，将其放到【图层】面板最上层，如图 11-225 所示。

图 11-224　图层混合模式效果

图 11-225　复制图层

(9) 选择【滤镜】|【滤镜库】命令，打开【滤镜库】对话框，选择【艺术效果】|【粗糙蜡笔】选项，然后设置各项参数，如图 11-226 所示。

(10) 单击【确定】按钮，得到粗糙蜡笔图像，效果如图 11-227 所示。

图 11-226　粗糙蜡笔

图 11-227　图像效果

(11) 在【图层】面板中设置该图层的混合模式为【深色】，【不透明度】为 40%，如图 11-228 所示，完成本实例的制作，效果如图 11-229 所示。

图 11-228　设置图层属性

图 11-229　图像效果

计算机基础与实训教材系列

11.4 习题

一、填空题

1. 【照亮边缘】属于_____滤镜组中的滤镜。
2. 【玻璃】属于_____滤镜组中的滤镜。
3. 【龟裂缝】属于_____滤镜组中的滤镜。

二、选择题

1. 马赛克是属于(　　)类的滤镜。
   A. 渲染 　　　　　　　　　　B. 纹理
   C. 像素化 　　　　　　　　　D. 杂色
2. 光照效果是属于(　　)类的滤镜。
   A. 渲染 　　　　　　　　　　B. 模糊
   C. 像素化 　　　　　　　　　D. 艺术效果
3. 木刻是属于(　　)类的滤镜。
   A. 渲染 　　　　　　　　　　B. 素描类
   C. 艺术效果 　　　　　　　　D. 杂色

三、操作题

　　打开【向日葵.jpg】素材图像,如图 11-230 所示。复制背景图层,选择【滤镜】|【模糊】|【高斯模糊】命令,为图像应用模糊效果;再次复制背景图层,得到背景【图层 2】,对其应用【扩散亮光】命令,在【图层】面板中将图层的混合模式设置为【叠加】,得到绚丽的艺术图像效果,如图 11-231 所示。

图 11-230　素材图像 　　　　　　　　　　　　图 11-231　图像效果

第12章

应用通道和蒙版

本章将介绍 Photoshop 的通道与蒙版,使用通道不但可以保存图像的颜色信息,还能存储选区,以方便用户选择更复杂的图像选区;而蒙版则可以在不同的图像中做出多种效果,还可以制作出高品质的影像合成。

本章重点

- 通道概述
- 通道的基本操作
- 新建通道
- 应用蒙版

二维码教学视频

12.1 通道概述

通道是存储不同类型信息的灰度图像，这些信息通常与选区有直接的关系，所以对通道的应用实质就是对选区的应用。

12.1.1 通道分类

通道主要有两种作用：一种保存和调整图像的颜色信息；另一种是保存选定的范围。在Photoshop 中，通道包括颜色通道、Alpha 通道和专色通道 3 种类型。下面将分别进行介绍。

1. 颜色通道

颜色通道主要用于描述图像的色彩信息，如 RGB 颜色模式的图像有 3 个默认的通道，分别为红(R)、绿(G)、蓝(B)，而不同的颜色模式将有不同的颜色通道。当用户打开一个图像文件后，将自动在【通道】面板中创建一个颜色通道。图 12-1 所示为 RGB 图像的颜色通道；图 12-2 所示为 CMYK 图像的颜色通道。

图 12-1 RGB 通道

图 12-2 CMYK 通道

选择不同的颜色通道，则显示的图像效果也不一样，如图 12-3、图 12-4 和图 12-5 所示为在 RGB 模式下各通道的显示效果。

图 12-3 红色通道

图 12-4 绿色通道

图 12-5 蓝色通道

2. Alpha 通道

Alpha 通道用于存储图像选区的蒙版，它将选区存储为 8 位灰度图像放入【通道】面板中，用来处理隔离和保护图像的特定部分，所以它不能存储图像的颜色信息。

计算机基础与实训教材系列

3. 专色通道

专色是除了 CMYK 以外的颜色。专色通道主要用于记录专色信息，指定用于专色(如银色、金色及特种色等)油墨印刷的附加印版。

12.1.2 【通道】面板

在 Photoshop 中，打开的图像都会在【通道】面板中自动创建颜色信息通道。如果图像文件有多个图层，则每个图层都有一个颜色通道，如图 12-6 所示。

图 12-6　【通道】面板

【通道】面板中的工具按钮的作用如下。

▽ 【将通道作为选区载入】：单击该按钮，可以将当前通道中的图像转换为选区。

▽ 【将选区存储为通道】：单击该按钮，可以自动创建一个 Alpha 通道，图像中的选区将存储为一个遮罩。

▽ 【创建新通道】：单击该按钮，可以创建一个新的 Alpha 通道。

▽ 【删除通道】：单击该按钮，可以删除选择的通道。

> **提示**
> 只有以支持图像颜色模式的格式(如 PSD、PDF、PICT、TIFF 或 Raw 等格式)存储文件时才能保留 Alpha 通道，以其他格式存储文件可能会导致通道信息丢失。

在 Photoshop 的默认情况下，原色通道以灰度显现图像。如果要使原色通道以彩色显示，可以选择【编辑】|【首选项】|【界面】命令，打开【首选项】对话框，选中【用彩色显示通道】复选框，如图 12-7 所示，各原色通道就会以彩色显示，如图 12-8 所示。

图 12-7　【首选项】对话框

图 12-8　彩色显示通道

12.2 新建通道

　　了解通道的分类和【通道】面板后，在使用通道进行操作时，还需要学习通道的创建，下面将详细介绍新建 Alpha 通道和新建专色通道的操作方法。

12.2.1 创建 Alpha 通道

　　Alpha 通道用于存储选择范围，可以对选择范围进行多次编辑。用户可以在载入图像选区后，新建 Alpha 通道对图像进行操作。

　　【练习 12-1】在【通道】面板中创建 Alpha 通道。

　　(1) 打开【鲜花.jpg】素材图像。

　　(2) 选择【窗口】|【通道】命令，打开【通道】面板，单击【通道】面板底部的【创建新通道】按钮 🔲 ，即可创建一个 Alpha 1 通道，如图 12-9 所示。

　　(3) 单击【通道】面板右上角的 ▤ 按钮，在弹出的快捷菜单中选择【新建通道】命令，打开如图 12-10 所示的对话框，设置好所需选项后单击【确定】按钮，即可在【通道】面板中创建一个 Alpha 2 通道。

图 12-9　新建 Alpha 通道

图 12-10　【新建通道】对话框

　　(4) 在图像窗口中创建一个选区，如图 12-11 所示。

　　(5) 单击【通道】面板底部的【将选区存储为通道】按钮 🔲 ，即可将选区存储为 Alpha 通道，如图 12-12 所示。

图 12-11　创建选区

图 12-12　存储选区为通道

12.2.2　新建专色通道

单击【通道】面板右上角的 ▤ 按钮，在弹出的快捷菜单中选择【新建专色通道】命令，即可打开【新建专色通道】对话框，如图 12-13 所示。在对话框中输入新通道名称后，单击【确定】按钮，即可得到新建的专色通道，如图 12-14 所示。

图 12-13　【新建专色通道】对话框　　　　　图 12-14　新建专色通道

12.3　通道的基本操作

在【通道】面板中对通道进行一些特定的操作，可以创建出更具有立体感、更加丰富的图像效果。

12.3.1　显示与隐藏通道

在编辑图像时，为了便于观察当前图像的操作状态，常常需要对部分通道进行隐藏。单击通道前的眼睛图标 👁，即可隐藏该通道，单击 ▢ 图标，则可显示该通道。

【练习 12-2】在【通道】面板中隐藏和显示通道。

(1) 打开【灯泡.jpg】图像文件，使用【磁性套索工具】 ⧨ 勾选灯泡图像边缘，如图 12-15 所示。

(2) 单击【通道】面板底部的【将选区存储为通道】按钮 ▣，创建一个 Alpha 通道，如图 12-16 所示。

图 12-15　获取图像选区　　　　　　图 12-16　创建 Alpha 通道

(3) 单击 Alpha 通道前面的图标 ▢，显示 Alpha1 通道，再单击绿、蓝通道前面的眼睛图标 ◉，将其隐藏，如图 12-17 所示。

(4) 这时图像中将只显示红色通道和 Alpha1 通道的图像，效果如图 12-18 所示。

图 12-17　隐藏/显示通道

图 12-18　图像效果

12.3.2　复制通道

通道与图层一样，都可以在面板中进行复制，不但可以在同一个文档中复制，还可以在不同的文档中相互复制。

【练习 12-3】在【通道】面板中复制通道。

(1) 选择需要复制的通道，单击【通道】面板右上方的 ▤ 按钮，在弹出的快捷菜单中选择【复制通道】命令，如图 12-19 所示。

(2) 在打开的【复制通道】对话框中设置各选项，如图 12-20 所示。

(3) 单击【确定】按钮，即可在【通道】面板中得到复制的通道，如图 12-21 所示。

图 12-19　选择命令

图 12-20　【复制通道】对话框

图 12-21　复制红色通道

12.3.3　删除通道

由于多余的通道会增加图像文件大小，从而影响计算机的运行速度。因此，在完成图像的处理后，可以将多余的通道删除。删除通道有以下 3 种常用方法。

▽　选择需要删除的通道，在通道上单击鼠标右键，在弹出的快捷菜单中选择【删除通道】命令。

▽　选择需要删除的通道，按下面板右上方的三角形按钮，在弹出的菜单中选择【删除通道】
命令。

▽　选择需要删除的通道，按住鼠标左键将其拖动到面板底部的【删除当前通道】按钮 🗑 上。

12.3.4　载入通道选区

在通道中可以载入和存储选区，在通道中载入选区是通道应用中最广泛的操作，在处理一个
较复杂的图像时常常要运用多次载入选区的操作。

在【通道】面板中选择要载入选区的通道，然后单击面板底部的【将通道作为选区载入】按
钮 ◌ 即可，如图 12-22 所示，载入通道选区后的效果如图 12-23 所示。

图 12-22　将通道作为选区载入　　　　图 12-23　载入选区后的效果

12.3.5　通道的分离与合并

在 Photoshop 中，可以将一个图像文件的各个通道分开，各自成为一个独立的图像窗口和拥
有【通道】面板的独立文件，并且可以对各个通道文件进行独立编辑。当编辑完成后，再将各个
独立的通道文件合成到一个图像文件中，即通道的分离与合并。

【练习 12-4】分离与合并通道。

(1) 打开【夏日.jpg】素材图像，如图 12-24 所示，可以在【通道】面板中查看图像的通道信
息，如图 12-25 所示。

图 12-24　打开图像　　　　　　　　　图 12-25　通道信息

(2) 单击【通道】面板右上方的快捷菜单按钮 ☰ ，在弹出的菜单中选择【分离通道】命令，
系统会自动将图像按原图像中的分色通道数目分解为 3 个独立的灰度图像，如图 12-26 所示。

(a) 红色通道图像

(b) 蓝色通道图像

(c) 绿色通道图像

图 12-26　分离通道后生成的图像

(3) 选择分离出来的绿色通道图像，然后选择【滤镜】|【风格化】|【凸出】命令，在打开的对话框中直接单击【确定】按钮，如图 12-27 所示，这时当前图像的显示效果如图 12-28 所示。

图 12-27　【凸出】对话框

图 12-28　应用滤镜后的效果

(4) 单击【通道】面板中的快捷菜单按钮 ，在弹出的菜单中选择【合并通道】命令，在打开的【合并通道】对话框中设置合并后图像的颜色模式为 RGB 颜色，如图 12-29 所示。

(5) 单击【确定】按钮，在打开的【合并 RGB 通道】对话框中直接进行确定，如图 12-30 所示，即可对指定的通道进行合并，并为原图像添加背景纹理，效果如图 12-31 所示。

图 12-29　【合并通道】对话框

图 12-30　【合并 RGB 通道】对话框

图 12-31　合并通道后的效果

12.4　应用蒙版

蒙版是一种 256 色的灰度图像，它作为 8 位灰度通道存放在图层或通道中，用户可以使用绘图编辑工具对它进行修改，此外，蒙版还可以将选区存储为 Alpha 通道。

蒙版是另一种专用的选区处理技术，用户通过蒙版可选择也可隔离图像，在图像处理时可屏蔽和保护一些重要的图像区域不受编辑和加工的影响，当对图像的其余区域进行颜色变化、滤镜效果和其他效果处理时，被蒙版蒙住的区域不会发生改变。

12.4.1　使用快速蒙版

快速蒙版是一种临时蒙版，使用快速蒙版只建立图像的选区，不会对图像进行修改，快速蒙版需要通过其他工具来绘制选区，然后再进行编辑。

【练习 12-5】调整花朵的颜色。

(1) 打开【玻璃瓶.jpg】素材图像，如图 12-32 所示。

(2) 单击工具箱底部的【以快速蒙版模式编辑】按钮，进入快速蒙版编辑模式，可以在【通道】面板中查看到新建的快速蒙版，如图 12-33 所示。

图 12-32　素材图像　　　　　　　图 12-33　创建快速蒙版

(3) 选择工具箱中的【画笔工具】，在玻璃瓶图像上进行涂抹，涂抹出来的颜色为红色透明效果，如图 12-34 所示。在【通道】面板中会显示出涂抹的状态，如图 12-35 所示。

图 12-34　涂抹图像　　　　　　　图 12-35　快速蒙版状态

(4) 单击工具箱中的【以标准模式编辑】按钮，或按下 Q 键，将返回到标准模式中，并得到图像选区，如图 12-36 所示。

(5) 选择【选择】|【反向】命令，对选区进行反向，得到玻璃瓶图像的选区，然后选择【图像】|【调整】|【色相/饱和度】命令，打开【色相/饱和度】对话框调整图像颜色，如图 12-37 所示。

(6) 单击【确定】按钮回到画面中，得到玻璃瓶图像的颜色调整效果，如图 12-38 所示，调整后图像周围具有羽化效果，能与周围的图像进行自然地过渡。

图 12-36　获取选区　　　　　图 12-37　【色相/饱和度】对话框　　　　图 12-38　颜色调整效果

12.4.2　使用图层蒙版

使用图层蒙版可以隐藏或显示图层中的部分图像，还可以通过图层蒙版显示下一图层中图像被遮住的部分。

【练习 12-6】融合图像。

(1) 打开【雪山.jpg】和【阳光.jpg】素材图像文件，然后使用【移动工具】+将雪山图像拖动到阳光图像中，并置于画面下方，如图 12-39 所示。可以在【图层】面板中看到分别有背景图层和雪山图像图层，如图 12-40 所示。

图 12-39　素材图像　　　　　　　　　　图 12-40　【图层】面板

(2) 选择图层 1，单击【图层】面板底部的【添加图层蒙版】按钮▣，即可添加一个图层蒙版，如图 12-41 所示。

(3) 确认前景色为黑色，背景色为白色。

(4) 选择【画笔工具】✎，在工具属性栏中选择【柔边圆 150 像素】画笔，设置【不透明度】为 60%，对两幅图像交接的位置进行涂抹，如图 12-42 所示。

图 12-41　添加图层蒙版

图 12-42　图像效果

(5) 在【画笔工具】属性栏中设置【不透明度】为 40%，在刚刚涂抹的位置继续适当涂抹，得到更加自然融合的图像效果，如图 12-43 所示。

(6) 在图层蒙版中涂抹图像后，其状态会在【图层】面板中显示出来，效果如图 12-44 所示。

(7) 添加图层蒙版后，可以在【图层】面板中对图层蒙版进行编辑。将光标放在【图层】面板中的蒙版图标中，然后单击鼠标右键，在弹出的快捷菜单中可以选择所需的编辑命令，如图 12-45 所示。

图 12-43　涂抹图像

图 12-44　蒙版状态

图 12-45　蒙版菜单

蒙版菜单中部分命令的作用如下。

▽ 停用图层蒙版：该命令可以暂时不显示图像中添加的蒙版效果。

▽ 删除图层蒙版：该命令可以彻底删除应用的图层蒙版效果，使图像回到原始状态。

▽ 应用图层蒙版：该命令可以将蒙版图层变成普通图层，将不能对蒙版进行编辑。

12.4.3　使用矢量蒙版

用户还可以使用【钢笔】或【形状工具】创建蒙版，这种蒙版称为矢量蒙版。矢量蒙版可以在图层上创建锐边形状，无论何时需要添加边缘清晰分明的设计元素，都可以使用矢量蒙版。

【练习 12-7】创建并应用矢量蒙版。

(1) 在练习 12-6 的图像基础上，选择【自定形状工具】，在属性栏中选择工具模式为【形状】选项，单击【形状】右侧的三角形按钮，在弹出的形状面板中选择【桑树】图形，如图 12-46 所示。

计算机基础与实训教材系列

(2) 设置前景色为白色,然后在图像窗口中绘制一个桑树图形,如图 12-47 所示。

图 12-46　选择图形

图 12-47　绘制桑树图形

(3) 绘制图形后,可以在【图层】面板中看到添加的是形状图层,如图 12-48 所示。使用【直接选择工具】 可以编辑绘制的矢量图形,如图 12-49 所示。

图 12-48　形状图层

图 12-49　编辑图形

(4) 选择【图层】|【栅格化】|【填充内容】命令,可以将形状图层转换为矢量蒙版图层,在【图层】面板中将显示矢量蒙版,如图 12-50 所示。

(5) 将光标放到矢量蒙版图标中并单击右键,可以弹出一个快捷菜单,在其中可以根据需要选择矢量蒙版编辑命令,如图 12-51 所示。

图 12-50　矢量蒙版

图 12-51　矢量蒙版快捷菜单

12.5 实例演练

本节综合应用所学的通道和蒙版，包括新建通道、载入通道和添加图层蒙版等操作，练习制作照片边框和合成图像。

12.5.1 制作照片边框

本实例将制作一个照片边框效果，首先使用了一张较为漂亮的素材图像，再通过新建通道，并在通道中应用滤镜命令，得到边框的喷溅效果，然后填充颜色，最后添加投影即可，实例效果如图 12-52 所示。

图 12-52　实例效果

本实例的具体操作步骤如下。

(1) 打开【夜景.jpg】素材图像，如图 12-53 所示。

(2) 切换到【通道】面板中，单击面板下方的【创建新通道】按钮 ，新建【Alpha 1】通道。然后使用【套索工具】 在图像四周绘制一个选区，并填充为白色，如图 12-54 所示。

图 12-53　素材图像

图 12-54　绘制并填充通道选区

(3) 按 Ctrl+D 组合键取消选区。然后选择【滤镜】|【滤镜库】命令，在打开的对话框中选择【画笔描边】|【喷溅】选项，设置其参数如图 12-55 所示并进行确定。

图 12-55　设置【喷溅】滤镜参数

(4) 按住 Ctrl 键单击【Alpha 1】通道，载入【Alpha 1】通道选区，切换到【图层】面板，按 Shift+Ctrl+I 组合键反选选区，选区效果如图 12-56 所示。

(5) 新建一个图层，然后将选区填充为白色，得到【图层 1】，如图 12-57 所示。

图 12-56　获取选区

图 12-57　新建图层

(6) 选择【图层】|【图层样式】|【投影】命令，在打开的【图层样式】对话框中设置投影颜色为黑色，其余参数如图 12-58 所示。

(7) 在对话框左侧选择【纹理】样式，在图案列表框中选择一种图案，如图 12-59 所示。

(8) 单击【确定】按钮，完成本实例的操作。

图 12-58　设置【投影】参数

图 12-59　选择纹理样式

计算机基础与实训教材系列

12.5.2　制作合成图像

本实例将制作一个合成图像，主要练习蒙版的使用，通过隐藏图像，得到想要的画面效果，实例效果如图 12-60 所示。

图 12-60　实例效果

本实例的具体操作步骤如下。

(1) 打开【云层.jpg】和【建筑群.psd】素材图像，如图 12-61 和图 12-62 所示。

图 12-61　云层图像

图 12-62　建筑群图像

(2) 选择建筑群图像，使用【移动工具】 ⊕ 将其拖动到云层图像中，适当调整图像大小，放到如图 12-63 所示的位置。

(3) 设置前景色为黑色，背景色为白色。依次选择建筑群的两个图层，并单击【图层】面板底部的【添加图层蒙版】按钮 ▣ ，再使用【画笔工具】 ✐ 对建筑群图像边缘和底部进行适当的涂抹，隐藏部分图像，效果如图 12-64 所示。

图 12-63　移动图像

图 12-64　隐藏部分图像

计算机基础与实训教材系列

(4) 添加图层蒙版后，【图层】面板中的蒙版效果如图 12-65 所示。

(5) 打开【白云.psd】素材图像，如图 12-66 所示。

图 12-65 【图层】面板

图 12-66 白云图像

(6) 使用【移动工具】➕将白云图像拖动到当前编辑的图像中，将其放到建筑物的底部，如图 12-67 所示。

(7) 新建一个图层，在图像中绘制一个圆形选区，然后选择【渐变工具】▧，单击属性栏中的渐变色条，在打开的【渐变编辑器】对话框中添加多个色标，编辑得到彩虹色样，并将所有色标调整到渐变条左侧，如图 12-68 所示。

图 12-67 添加白云图像

图 12-68 设置渐变色

(8) 单击【渐变工具】属性栏中的【径向渐变】按钮▧，选择【反向】选项，在图像中按住鼠标向外拖动，得到渐变填充效果，如图 12-69 所示。

(9) 按 Ctrl+D 组合键取消选区。选择【图层】|【图层蒙版】|【显示全部】命令，为图层添加蒙版，设置前景色为黑色，背景色为白色，然后使用【画笔工具】✎对彩虹图像下半部分进行涂抹，隐藏图像，效果如图 12-70 所示。

图 12-69 渐变填充图像

图 12-70 使用画笔工具做涂抹

(10) 按 Ctrl+T 组合键适当缩小图像,并将其放到画面右侧,降低该图层的不透明度为 22%,效果如图 12-71 所示。

(11) 打开【飞机.psd】图像,使用【移动工具】将其拖动到当前编辑的图像中,放到热气球右侧,完成本实例的制作,效果如图 12-72 所示。

图 12-71 彩虹效果

图 12-72 完成图像

12.6 习题

一、填空题

1. 通道主要有两种作用:一种是保存和调整图像的颜色信息;另一种是_____。
2. 单击通道前的_____,可以隐藏该通道。
3. 颜色通道主要用于描述_____信息。
4. _____是一种临时蒙版,使用快速蒙版只建立图像的选区,不会对图像进行修改。

二、选择题

1. 在 Photoshop 中,通道包括哪几种类型( )。
   A. 颜色通道　　　　　　　　　　B. Alpha 通道
   C. 滤镜通道　　　　　　　　　　D. 专色通道
2. RGB 颜色模式的图像有( )个默认的通道。

A. 1   B. 2

C. 3   D. 4

三、操作题

打开【老照片.jpg】素材图像,如图 12-73 所示。通过图层、通道等功能,对图像进行处理,制作撕裂的图像效果,如图 12-74 所示。

【提示】

(1) 将背景图层转换为普通图层,得到【图层 0】。

(2) 新建一个【图层 1】,填充为白色,将【图层 1】放到【图层 0】的下方,选择【图层 0】,按 Ctrl+T 组合键缩小图像。

(3) 为图像应用投影样式,然后切换到【通道】面板中,创建一个新通道,使用【套索工具】随意选择图像的一半区域,填充为白色。

(4) 对图像应用【晶格化】滤镜,产生边缘撕裂效果。

(5) 返回 RGB 通道,选择【选择】|【载入选区】命令,读取 Alpha 1 通道,按住 Ctrl 键移动选择区域。

图 12-73　原图

图 12-74　撕裂的图像效果

第13章

动作和批处理图像

本章将学习动作及其应用范围的相关知识，以及批处理图像的操作方法。通过对【动作】面板的详细介绍让读者掌握其操作方式，并且和批处理图像结合起来使用，充分运用快捷方式提高工作效率。

 本章重点

- ◐ 动作的使用
- ◐ 批处理图像
- ◐ 动作的编辑

 二维码教学视频

【练习 13-1】在【动作】面板中新建动作组　【练习 13-2】创建动作
【练习 13-3】选择动作并进行播放　　　　　【练习 13-4】在动作中插入菜单项目
【实例演练】制作仿旧照片

13.1 动作的使用

动作就是对单个文件或一批文件回放一系列命令的操作。大多数命令和工具操作都可以记录在动作中。

13.1.1 认识【动作】面板

在【动作】面板中可以快速地使用一些已经设定的动作，也可以设置一些自己的动作，存储起来以便今后使用。通过动作功能的应用，可以对图像进行自动化操作，从而大大提高工作效率。

选择【窗口】|【动作】命令，打开【动作】面板，如图 13-1 所示，可以看到【动作】面板中默认的动作设置。

图 13-1　【动作】面板

【动作】面板中功能按钮的作用如下。

▽ 单击 ● 按钮，开始录制动作。
▽ 单击 ■ 按钮，停止录制动作。
▽ 单击 ▶ 按钮，可以播放所选的动作。
▽ 单击 ⊞ 按钮，可以创建新动作。
▽ 单击 🗑 按钮，将弹出一个提示对话框，单击【确定】按钮可删除所选的动作。
▽ 单击 🗀 按钮，可以新建一个动作组。
▽ ✔ 按钮：用于切换项目开关。
▽ ▣ 图标：用于控制当前所执行的命令是否需要弹出对话框。

13.1.2 创建动作组

为了方便对动作进行管理，用户可以创建一个动作组来对动作进行分类管理。下面介绍创建动作组的方法。

【练习 13-1】在【动作】面板中新建动作组。

(1) 打开一个需要处理的图像文件，选择【窗口】|【动作】命令，打开【动作】面板，单击【动作】面板底部的【创建新组】按钮 🗀，弹出【新建组】对话框，如图 13-2 所示。

(2) 单击【确定】按钮，即可在【动作】面板中创建一个新动作组，如图 13-3 所示。

图 13-2　【新建组】对话框

图 13-3　新建动作组

13.1.3　录制新动作

在【动作】面板中创建组后，用户可以在动作组中创建新动作，以便记录操作的步骤。

【练习 13-2】创建动作。

(1) 打开【火花.jpg】图像文件，如图 13-4 所示，然后单击【动作】面板右上方的██按钮，在弹出的菜单中选择【新建动作】命令，打开【新建动作】对话框，如图 13-5 所示。

图 13-4　素材图像

图 13-5　【新建动作】对话框

(2) 在【新建动作】对话框中单击【记录】按钮，即可在组 1 中得到新建的动作，如图 13-6 所示，这时操作将被录制下来。

(3) 选择【图像】|【调整】|【亮度/对比度】命令，打开【亮度/对比度】对话框，适当增加图像的亮度和对比度，如图 13-7 所示。

图 13-6　创建新动作

图 13-7　调整亮度/对比度

(4) 单击【确定】按钮，得到的图像效果如图 13-8 所示，这时【动作】面板将记录下调整亮度/对比度的动作，如图 13-9 所示。

图 13-8　图像效果

图 13-9　记录动作

(5) 完成图像的处理后，单击【停止播放/记录】按钮█，完成动作的录制。

13.1.4　保存动作

对于用户自己创建的动作将暂时保存在 Photoshop 的【动作】面板中，在每次启动 Photoshop
后即可使用。如不小心删除了动作，或重新安装了 Photoshop，则用户手动制作的动作将消失。
因此，应将这些已创建好的动作以文件的形式进行保存，需使用时再通过加载文件的形式载入【动
作】面板中。

选定要保存的动作序列，单击【动作】面板右上角的▤按钮，在弹出的菜单中选择【存储
动作】命令，如图 13-10 所示，在打开的【另存为】对话框中指定保存位置和文件名，如图 13-11
所示，完成后单击【保存】按钮，即可将动作以.ATN 文件格式进行保存。

图 13-10　选择【存储动作】命令

图 13-11　【另存为】对话框

13.1.5　载入动作

如果需要载入保存在硬盘上的动作序列，可以单击【动作】面板右上角的▤按钮，在弹出
的菜单中选择【载入动作】命令。在弹出的【载入】对话框中查找需要载入动作序列的名称和路
径，然后将其载入【动作】面板中。

13.1.6　播放动作

在录制并保存对图像进行处理的操作过程后，即可将该动作应用到其他的图像中。

【练习 13-3】选择动作并进行播放。

(1) 打开一个需要应用动作的图像文件，如图 13-12 所示。

(2) 在【动作】面板中选择需要应用到该图像上的动作，如选择【木质画框-50 像素】动作，如图 13-13 所示，然后单击【播放选定的动作】按钮 ▶，即可将【木质画框】效果应用到当前图像上，如图 13-14 所示。

图 13-12　素材图像　　　　图 13-13　选择动作并进行播放　　　　图 13-14　图像效果

13.2　动作的编辑

用户对操作进行记录后，该记录都保存在【动作】面板中，用户可根据需要对这些动作进行一系列的编辑。

13.2.1　插入菜单项目

插入菜单项目就是在动作中插入菜单命令。比如用户在操作过程中遗漏了某些步骤，或者需要添加某些步骤的时候，就可以用到这个命令。

【练习 13-4】在动作中插入菜单项目。

(1) 当用户在【动作】面板中创建动作后，在面板中选择需要插入动作的位置，单击【动作】面板右上角的 ▤ 按钮，在弹出的菜单中选择【插入菜单项目】命令，打开【插入菜单项目】对话框，如图 13-15 所示。

(2) 保持对话框的显示状态，这里可以插入所需的状态，如选择【图像】|【调整】|【色阶】命令，此时【插入菜单项目】对话框中的【菜单项】中即可显示该菜单命令，如图 13-16 所示。

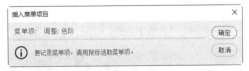

图 13-15　【插入菜单项目】对话框　　　　　　图 13-16　对话框的显示

(3) 单击【确定】按钮，即可将该命令插入当前动作中，如图 13-17 所示。

计算机基础与实训教材系列

(4) 当用户完成动作的记录后,可以双击插入的动作命令,打开相应的对话框,对其进行编辑,即可得到这个动作所需的效果。如双击【色阶】命令,打开【色阶】对话框,可以看到动作面板进入录制状态,如图 13-18 所示。

(5) 单击【确定】按钮,得到录制的动作,在【色阶】命令前将出现一个三角形图标,表示该动作有具体的操作,如图 13-19 所示。

图 13-17　插入命令

图 13-18　编辑动作

图 13-19　完成操作

💡 提示

单击每个动作前面的三角形按钮,可展开该动作,其中详细记录了该动作的属性和具体参数。

13.2.2　插入停止命令

在实际录制动作的过程中,有很多命令无法被记录下来,如使用【画笔工具】涂抹图像,为了使操作完整,用户可以暂停动作的录制。

【练习 13-5】在动作中插入停止命令。

(1) 在录制操作的情况下,使用【画笔工具】✐涂抹图像,可以看到在【动作】面板中没有任何记录,如图 13-20 所示。

(2) 单击【动作】面板右上方的 按钮,在弹出的菜单中选择【插入停止】命令,将打开【记录停止】对话框,在其中输入停止的提示和要求,如图 13-21 所示。

(3) 设置完成后单击【确定】按钮,可以将【停止】命令插入【动作】面板中,如图 13-22 所示。

图 13-20　【动作】面板

图 13-21　【记录停止】对话框

图 13-22　插入【停止】命令

💡 提示

在【记录停止】对话框中,用户还可以通过选中【允许继续】复选框,来设置是否允许动作的继续。

13.2.3　复制和删除动作

当用户对操作过程录制完成后，还可以在【动作】面板中对动作进行复制和删除操作。

【练习 13-6】复制和删除动作。

(1) 选择需要复制的动作，按住鼠标左键将其拖至【创建新动作】按钮 ⊞ 上，如图 13-23 所示。

(2) 释放鼠标，即可在【动作】面板中得到复制的动作，如图 13-24 所示。

图 13-23　拖动需要复制的动作

图 13-24　复制的动作

(3) 选择需要删除的动作，如【曲线】命令，单击【动作】面板底部的【删除】按钮 🗑，将弹出提示对话框，如图 13-25 所示。

(4) 单击【确定】按钮即可将该动作删除，如图 13-26 所示。

图 13-25　提示对话框

图 13-26　删除动作

13.3　执行默认动作

Photoshop 提供了很多默认的动作，使用这些动作可以快速制作出各种丰富的图像效果。

【练习 13-7】使用默认动作。

(1) 选择【文件】|【打开】命令，打开一幅图像文件，如图 13-27 所示。

(2) 单击【动作】面板右上方的 ☰ 按钮，在弹出的菜单中选择【图像效果】命令，如图 13-28 所示。

图 13-27　素材图像

图 13-28　选择命令

(3) 将【图像效果】动作组载入面板中，如图 13-29 所示。选择【油彩蜡笔】动作，然后单击【播放选定的动作】按钮 ▶ 播放动作，得到如图 13-30 所示的效果。

图 13-29　载入【图像效果】动作组

图 13-30　图像效果

(4) 打开【动作】面板中的菜单，选择【画框】命令，即可将【画框】动作组载入面板中，如图 13-31 所示。

(5) 选择【波形画框】动作，然后单击【播放选定的动作】按钮 ▶ 播放动作，得到的图像效果如图 13-32 所示。

图 13-31　载入【画框】动作组

图 13-32　添加波形画框

13.4　批处理图像

在 Photoshop 中使用动作批处理文件，让计算机自动完成设置的步骤，既省时又省力，给用户带来了极大的方便。

13.4.1　批处理

Photoshop 提供的批处理命令允许用户对一个文件夹的所有文件和子文件夹按批次输入并自动执行动作，从而大幅度地提高处理图像的效率。

【练习 13-8】快速为图像添加效果。

(1) 在计算机中创建两个文件夹，一个用于存储批处理后的图像，一个用于放置需要处理的图片，如图 13-33 所示。

(2) 选择需要处理的图片文件夹，打开【动作】面板，并将【纹理】动作组载入面板中，然后选择【再生纸】动作，如图 13-34 所示。

图 13-33　创建文件夹

图 13-34　选择动作

(3) 选择【文件】|【自动】|【批处理】命令，打开【批处理】对话框，如图 13-35 所示。

图 13-35　【批处理】对话框

【批处理】对话框中常用选项的作用如下。

▽　【组】：在该下拉列表框中可以选择所要执行的动作所在的组。

▽　【动作】：选择所要应用的动作。

▽　【源】：用于选择批处理图像文件的来源。

计算机基础与实训教材系列

▽ 【目标】：用于选择处理文件的目标。选择【无】选项，表示不对处理后的文件做任何操作；选择【存储并关闭】选项，可将文件保存到原来的位置，并覆盖原文件；选择【文件夹】选项，并单击下面的【选择】按钮，可选择目标文件所保存的位置。

▽ 【文件命名】：在【文件命名】选项区域中的下拉列表框中，可以指定目标文件生成的命名规则。

▽ 【错误】：在该下拉列表框中可指定出现操作错误时的处理方式。

(4) 单击【源】右侧的三角形按钮，在其下拉列表框中选择【文件夹】选项，然后单击【选择】按钮，如图 13-36 所示，在弹出的对话框中选择需要处理的图片文件夹。

(5) 单击【目标】右侧的三角形按钮，在其下拉列表框中选择【文件夹】选项，然后单击【选择】按钮，如图 13-37 所示，在弹出的对话框中选择批处理后保存图片的文件夹。

图 13-36　设置【源】文件夹

图 13-37　设置【目标】文件夹

(6) 设置完成后，单击【确定】按钮，逐一将处理的文件进行保存，打开用于存储批处理的图像文件夹，即可查看批处理后的文件，如图 13-38 所示。

图 13-38　批处理后的文件

13.4.2　创建快捷批处理方式

【创建快捷批处理】命令是一个小应用程序，其操作方法与【批处理】命令相似，只是在创建快捷批处理方式后，在相应的位置会创建一个快捷图标 🔻。

【练习 13-9】使用快捷批处理方式。

(1) 选择【文件】|【自动】|【创建快捷批处理】命令，打开【创建快捷批处理】对话框，在该对话框中设置好快捷批处理，以及目标文件的存储位置和需要的动作，如图 13-39 所示。

(2) 单击【确定】按钮，打开存储快捷批处理的文件夹，即可在其中看到一个快捷图标 <img>，如图 13-40 所示。

(3) 将需要处理的文件拖至该图标上即可自动对图像进行处理。

图 13-39 【创建快捷批处理】对话框

图 13-40 创建快捷图标

13.5 实例演练

本节练习快速将一张普通照片制作成旧照片的效果，首先要选择所需的动作，然后播放动作，即可得到旧照片效果。制作旧照片的具体操作步骤如下。

(1) 打开素材图像【小木屋.jpg】，选择【窗口】|【动作】命令，打开【动作】面板，如图 13-41 所示。

(2) 单击【动作】面板右侧的 ▤ 按钮，在弹出的快捷菜单中选择【图像效果】命令，如图 13-42 所示，这时【动作】面板中将添加【图像效果】动作组。

图 13-41 打开素材图像

图 13-42 选择命令

(3) 选择【仿旧照片】动作，单击【动作】面板底部的【播放选定的动作】按钮 ▶，如图 13-43 所示，图像中将进行自动操作，得到旧照片效果，如图 13-44 所示。

图 13-43　播放动作

图 13-44　图像效果

13.6　习题

一、填空题

1. ＿＿＿＿＿＿就是对单个文件或一批文件回放一系列命令的操作。

2. Photoshop 提供的＿＿＿＿＿命令允许用户对一个文件夹的所有文件和子文件夹按批次输入并自动执行动作。

二、操作题

打开【休闲时光.jpg】素材图像，如图 13-45 所示。在【动作】面板的快捷菜单中选择【图像效果】序列，然后选择【四分颜色】动作，单击【播放选定的动作】按钮 ▶ 对当前图片应用该动作，对图像进行四分颜色，效果如图 13-46 所示。

图 13-45　素材图像

图 13-46　播放动作后的效果

第14章

图像的印刷与输出

本章将介绍图像的印前处理及输出知识。包括打印设计图之前的一些准备工作，如何为图像定稿，如何对在计算机中校正色彩等，以及如何设置打印页面及其他参数等。

 本章重点

- 图像设计与印刷流程
- 打印图像

- 图像文件的输出

 二维码教学视频

【实例演练】打印图像

14.1 图像设计与印刷流程

创作成功的设计作品不仅需要熟练掌握软件操作,还需要在设计图像之前做好准备工作。下面就来介绍图像设计与印刷的流程。

14.1.1 设计准备

在进行产品图像设计前,首先需要在完成市场和产品调查的基础上,对获得的资料进行分析与研究,通过对特定资料和一般资料的分析与研究,初步找出产品与这些资料的连接点,并探索它们之间各种组合的可能性和效果,并从资料中去除多余内容、保留有价值的部分。

14.1.2 设计提案

在大量占有第一手资料的基础上,对初步形成的各种组合方案和立意进行选择和酝酿,从新的思路去获得灵感。在这个阶段,设计者还可适当多参阅、比较相类似的构思,以便调整创意与心态,使思维更为活跃。

在经过以上阶段之后,创意将会逐步明朗化,它会在不经意间突然涌现。这时可以制作设计草稿,制定初步的设计方案。

14.1.3 设计定稿

从数张设计草图中选定一张作为最后的方案,然后在计算机中设计正稿。针对不同的广告内容可以使用不同的软件来制作,运用 Photoshop 软件能制作出各种特殊的图像效果,为画面增添丰富的色彩。

14.1.4 色彩校正

如果显示器显示的颜色有偏差或者打印机在打印图像时造成的图像颜色有偏差,将导致印刷后的图像色彩与在显示器中所看到的颜色不一致。因此,图像的色彩校准是印前处理工作中不可缺少的一步,色彩校准主要包括以下几种。

▽ 显示器色彩校准:如果同一个图像文件的颜色在不同的显示器或不同时间在同一显示器上的显示效果不一致,就需要对显示器进行色彩校准。有些显示器自带色彩校准软件,如果没有,用户可以手动调节显示器的色彩。

▽ 打印机色彩校准:在计算机显示屏幕上看到的颜色和用打印机打印到纸张上的颜色一般不能完全匹配,这主要是因为计算机产生颜色的方式和打印机在纸上产生颜色的方式不同。要让打印机输出的颜色和显示器上的颜色接近,设置好打印机的色彩管理参数和调整彩色打印机的偏色规律是一个重要途径。

▽ 图像色彩校准：图像色彩校准主要是指图像设计人员在制作过程中或制作完成后对图像的颜色进行校准。当用户指定某种颜色后，在进行某些操作后颜色有可能发生变化，这时就需要检查图像的颜色和当时设置的 CMYK 颜色值是否相同，如果不同，可以通过【拾色器】对话框调整图像颜色。

14.1.5　分色与打样

图像在印刷之前必须进行分色和打样，二者也是印前处理的重要步骤。

▽ 分色：在输出中心将原稿上的各种颜色分解为黄色、品红、青色和黑色 4 种原色，在计算机印刷设计或平面设计软件中，分色工作是将扫描图像或其他来源图像的颜色模式转换为 CMYK 模式。

▽ 打样：印刷厂在印刷之前，必须将所印刷的作品交给出片中心。出片中心先将 CMYK 模式的图像进行青色、品红、黄色和黑色 4 种胶片分色，再进行打样，从而检验制版阶调与色调能否取得良好再现，并将复制再现的误差及应达到的数据标准提供给制版部门，作为修正或再次制版的依据，打样校正无误后交付印刷中心进行制版、印刷。

14.2　图像文件的输出

在进行图像设计时，Photoshop 可以与很多软件结合起来使用。下面将对 Illustrator 和 CorelDRAW 这两种常用软件进行介绍。

14.2.1　将路径图形导入 Illustrator 中

与 Photoshop 同样出自 Adobe 公司的 Illustrator，是一款矢量图形绘制软件，它支持在 Photoshop 中存储的 PSD、EPS、TIFF 等文件格式，可以将 Photoshop 中的图像导入 Illustrator 中进行编辑。

打开 Illustrator 软件，选择【文件】|【置入】命令，找到所需的.psd 格式文件即可将 Photoshop 图像文件置入 Illustrator 中。

14.2.2　将路径图形导入 CorelDRAW 中

CorelDRAW 是 Corel 公司推出的矢量图形绘制软件，适用于文字设计、图案设计、版式设计、标志设计及工艺美术设计等。Photoshop 可以打开从 CorelDRAW 中导出的 TIFF、JPG 格式的图像，而 CorelDRAW 也支持 Photoshop 的 PSD 分层文件格式。

在 Photoshop 中绘制好路径图形后，可以选择【文件】|【导出】|【路径到 Illustrator】命令，将路径文件存储为 AI 格式，然后切换到 CorelDRAW 中，选择【文件】|【导入】命令，即可将存储好的路径文件导入 CorelDRAW 中。

14.3　打印图像

图像处理校准完成后，接下来的工作就是打印输出。为了获得良好的打印效果，掌握正确的打印方法非常重要。

打印输出图像，首先需要选择打印设备名称，然后根据打印输出的要求对打印份数、纸张的页面大小和方向等进行设置。

选择【文件】|【打印】命令，打开【Photoshop 打印设置】对话框，在该对话框中可以选择打印机、设置打印份数等，如图 14-1 所示。单击【打印设置】按钮，可以在打开的打印机属性对话框中设置纸张的方向，如图 14-2 所示，单击【高级】按钮可以设置纸张大小和打印数量。

图 14-1　【Photoshop 打印设置】对话框

图 14-2　设置纸张大小和方向

14.4　实例演练

本节综合应用所学的图像印刷知识，通过打印广告设计图，练习图像打印的纸张设置、方向设置等操作。

本实例的具体操作步骤如下。

(1) 打开需要打印的素材图像【月饼广告.jpg】，如图 14-3 所示。

(2) 选择【文件】|【打印】命令，打开【Photoshop 打印设置】对话框，在【打印机】下拉列表中选择连接在计算机上的打印机，在【份数】后面的数值框中输入打印份数，再设置【颜色处理】选项，然后在【正常打印】下拉列表框中选择【印刷校样】选项，如图 14-4 所示。

图 14-3　素材图像

图 14-4　【Photoshop 打印设置】对话框

(3) 单击【打印设置】按钮,打开打印机的属性对话框,在【方向】选项栏中选中【纵向】选项,如图 14-6 所示。

(4) 单击【高级】按钮,在弹出的对话框的【纸张规格】下拉列表中选择打印的纸张大小,再设置打印的份数,单击两次【确定】按钮返回【Photoshop 打印设置】对话框,单击【打印】按钮,即可开始打印图像。

图 14-5　设置打印方向

图 14-6　设置纸张规格

14.5　习题

一、填空题

1. 如果同一个图像文件的颜色在不同的显示器或不同时间在同一显示器上的显示效果不一致,就需要对_____进行色彩校准。

2. 分色工作是将扫描图像或其他来源图像的颜色模式转换为_____模式。

二、选择题

1. 分色是在输出中心将原稿上的各种颜色分解为哪 4 种原色?(　　)

 A. 紫色、品红、蓝色、黑色　　　　　　B. 黄色、品红、青色、黑色

 C. 绿色、品红、蓝色、黑色　　　　　　D. 白色、品红、蓝色、黑色

2. 在进行图像设计时,Photoshop 可以与以下哪几种软件进行配合使用?(　　)

 A. CorelDRAW　　　　　　　　　　　B. Word

 C. AutoCAD　　　　　　　　　　　　D. Illustrator

三、操作题

打开【证件照.jpg】图像文件,选择【文件】|【打印】命令,打开【Photoshop 打印设置】对话框,然后设置打印参数并进行证件照打印,如图 14-7 所示。

图 14-7　打印证件照

第15章

综合案例

虽然前面已经学习 Photoshop 的基础操作、选区、色彩调整、文字、路径、图层和滤镜等知识，但是对于初学者而言，完成图像设计的实际案例还比较陌生。本章将通过 3 个综合案例来讲解本书所学知识的具体应用，帮助初学者掌握 Photoshop 在实际工作中的应用，并达到举一反三的效果，为以后的工作打下良好的基础。

本章重点

- 淘宝店铺首页广告
- 房地产广告

- 圣诞促销海报设计

二维码教学视频

【综合案例】淘宝店铺首页广告
【综合案例】房地产广告

【综合案例】圣诞促销海报设计

15.1 淘宝店铺首页广告

1. 实例效果

本例将学习绘制淘宝店铺首页广告设计图的方法，打开【淘宝店铺首页广告.psd】文件，本例的最终效果如图 15-1 所示。

图 15-1　实例效果

2. 操作思路

在绘制本例的过程中，首先通过绘制曲线叠加图像得到背景图像，然后添加文字和素材，通过合理排列完成制作。绘制本广告的关键步骤如下。

(1) 新建一个图像文档，使用【钢笔工具】绘制曲线，得到波浪线背景图像。

(2) 添加素材图像，再通过文字和【圆角矩形工具】制作出画面主题。

(3) 绘制出优惠券并复制图像。

3. 操作过程

根据对本实例海报图像的绘制分析，可以将其分为 3 个主要部分进行绘制，操作过程依次为制作网店广告背景图像、添加素材图像和文字、制作优惠券，具体操作如下。

15.1.1　制作网店广告背景图像

(1) 选择【文件】|【新建】命令，在打开的【新建文档】对话框右侧输入文件名为【淘宝店铺首页广告】，然后设置【宽度】和【高度】为 1920 像素×960 像素，其他参数设置如图 15-2 所示。

(2) 设置前景色为淡绿色(R234,G246,B242)，然后按 Alt+Delete 组合键填充背景，效果如图 15-3 所示。

(3) 单击【图层】面板底部的【创建图层组】按钮 ，将创建的图层组重命名为【背景】，如图 15-4 所示。

(4) 选择【钢笔工具】 ，在属性栏中选择工具模式为【形状】，设置【填充】为淡绿色(R245,G254,B251)、【描边】为绿色(R112,G176,B159)，描边宽度为 2.21 点，在画面底部绘制一个波浪图形，如图 15-5 所示。

图 15-2　新建文档

图 15-3　填充背景

图 15-4　创建图层组

图 15-5　绘制图形

(5) 继续绘制一个较小的波浪图形，如图 15-6 所示，得到【形状 2】图层，如图 15-7 所示。

图 15-6　绘制形状

图 15-7　形状图层

(6) 在属性栏中设置填充为绿色(R112,G176,B159)、【描边】为无，绘制一个无描边的波浪图形，如图 15-8 所示。

计算机基础与实训教材系列

图 15-8　绘制波浪图形

15.1.2　添加素材图像和文字

(1) 打开【树叶.psd】图像文件，使用【移动工具】 将多个树叶图像分别拖曳到当前编辑的图像中，并将图层放到【背景】图层组的下方，然后将树叶放到画面四周，效果如图 15-9 所示。

(2) 选择所有的树叶图层，然后按 Ctrl+G 组合键得到图层组，并重命名为【树叶】，如图 15-10 所示。

图 15-9　添加素材图像

图 15-10　创建图层组

(3) 选择【树叶】图层组，选择【图层】|【图层样式】|【投影】命令，打开【图层样式】对话框，设置投影颜色为淡绿色(R216,G235,B229)，其他参数设置如图 15-11 所示。单击【确定】按钮，得到添加投影后的效果，如图 15-12 所示。

图 15-11　设置投影样式

图 15-12　投影效果

(4) 打开【人物.psd】素材图像，使用【移动工具】➕将其拖曳过来，放到画面右侧，并在【图层】面板中将该图层调整到背景图层上方，效果如图 15-13 所示。

图 15-13　添加人物素材

(5) 打开【花环.psd】素材图像，使用【移动工具】➕将其拖曳过来，放到画面中间，效果如图 15-14 所示。

图 15-14　添加花环图像

(6) 选择【圆角矩形工具】▢，在属性栏中选择工具模式为【形状】，再设置【填充】为白色，【描边】为无，【半径】为 18 像素，在花环图像中绘制一个圆角矩形，如图 15-15 所示。

图 15-15　绘制圆角矩形

(7) 继续使用【圆角矩形工具】▢，改变属性栏中的【填充】为无，设置【描边】为绿色 (R44,G107,B70)，绘制一个较小的圆角矩形，如图 15-16 所示。

图 15-16　绘制描边图形

(8) 使用【横排文字工具】 T. 在圆角矩形中输入文字，并在属性栏中设置字体为宋体，填充为绿色(R69,G129,B78)，效果如图 15-17 所示。

(9) 打开【树叶.psd】素材图像，选择部分树叶将其拖曳过来，放到文字上方，效果如图 15-18 所示。

(10) 选择【图层】|【创建剪贴蒙版】命令，为新添加的树叶图层创建剪贴蒙版，使其图案放置到文字中，效果如图 15-19 所示。

图 15-17　输入文字

图 15-18　添加素材图像

图 15-19　文字效果

(11) 使用【矩形选框工具】 在文字下方绘制一个矩形选区，填充为橘黄色(R231,G188,B94)，效果如图 15-20 所示。

(12) 使用【横排文字工具】 T. 在圆角矩形中输入其他文字，分别填充为白色和黑色，如图 15-21 所示。

图 15-20　绘制矩形

图 15-21　输入文字

(13) 打开【饰品.psd】素材图像，使用【移动工具】 ⊕ 分别将素材图像拖曳过来，参照如图 15-22 所示的排列方式调整位置。

图 15-22　添加饰品

15.1.3　制作优惠券

(1) 选择【矩形工具】 □ ，在属性栏中设置填充为绿色(R97,G198,B184)，然后在画面左下方绘制一个矩形，如图 15-23 所示。

图 15-23　绘制矩形

(2) 继续使用【矩形工具】 □ ，在属性栏中设置【填充】为无、【描边】为白色，宽度为 1.5 点，再选择一个描边样式，如图 15-24 所示，然后在矩形中绘制一个较小的虚线描边矩形，如图 15-25 所示。

图 15-24　设置矩形属性　　　　　　　　　图 15-25　绘制描边矩形

计算机基础与实训教材系列

(3) 新建一个图层，将其放到绿色矩形的下方，再设置前景色为墨绿色(R70,G111,B99)，使用【画笔工具】 在矩形底部绘制出投影，得到立体效果，如图 15-26 所示。

(4) 使用【圆角矩形工具】 在立体矩形中再绘制一个较小的圆角矩形，填充为草绿色(R30,G173,B153)，效果如图 15-27 所示。

图 15-26　添加投影

图 15-27　绘制圆角矩形

(5) 使用【横排文字工具】 在矩形中输入文字，填充为白色，如图 15-28 所示，得到第一组优惠券。

(6) 复制两次优惠券图像，适当调整文字，放到画面右侧，如图 15-29 所示，完成本实例的制作。

图 15-28　输入文字

图 15-29　完成效果

15.2　圣诞促销海报设计

1. 实例效果

本例将学习绘制圣诞促销海报广告设计图的方法，打开【圣诞海报.psd】文件，本例的最终效果如图 15-30 所示。

2. 操作思路

在绘制本例的过程中，首先制作出渐变背景，然后通过多个圆形的叠加，并使用【画笔工具】绘制出周围的圆点排列，得到中间的主要圆形图像，然后添加素材图像，输入文字进行排列。绘制本例图像的关键步骤如下。

(1) 使用【渐变工具】填充渐变背景并添加素材图像。

(2) 使用【椭圆选框工具】绘制出多个圆形图像,分别应用单色和渐变填充。

(3) 输入文字,并设置不同的大小和位置,排列成广告文字效果。

3. 操作过程

根据对本实例海报的制作分析,可以将其分为 3 个主要部分进行,首先需要新建一个图像文件,将相应的素材移动过来,然后再绘制图像,最后添加文字效果,具体操作如下。

图 15-30　圣诞海报设计图

15.2.1　制作圣诞背景

(1) 选择【文件】|【新建】命令,在打开的【新建文档】对话框中输入文件名为【圣诞海报】,然后设置【宽度】和【高度】为 20 厘米 × 30 厘米,如图 15-31 所示。

(2) 选择【渐变工具】 ，在属性栏中单击【径向渐变】按钮 ，再单击左侧的渐变色条,打开【渐变编辑器】对话框,设置渐变颜色从橘红色(R222,G87,B0)到深红色(R49,G0,B0),如图 15-32 所示。

图 15-31　新建文档

图 15-32　设置渐变颜色

(3) 单击【确定】按钮,在背景图像上方按住鼠标左键向画面外侧拖动,得到径向渐变填充效果,如图 15-33 所示。

(4) 打开【圣诞素材.psd】素材图像,使用【移动工具】 将其直接拖曳到背景图像中,放到画面上方,效果如图 15-34 所示,这时【图层】面板中将自动生成【图层 1】,如图 15-35 所示。

图 15-33　填充背景图像

图 15-34　添加素材图像

图 15-35　自动生成图层

(5) 将【图层 1】中的【不透明度】设置为 10%，图像效果如图 15-36 所示。

(6) 选择【图层】|【图层样式】|【颜色叠加】命令，打开【图层样式】对话框，设置【混合模式】为【正常】，单击右侧的色块，在打开的对话框中设置叠加的颜色为淡黄色 (R238,G229,B193)，如图 5-37 所示。

图 15-36　图像效果

图 15-37　设置叠加颜色

(7) 单击【确定】按钮，得到叠加颜色后的图像，效果如图 15-38 所示。

(8) 打开【布.psd】【树叶.psd】素材图像，使用【移动工具】＋将它们分别拖动到当前编辑的图像中，置于画面上方，效果如图 15-39 所示。

图 15-38　颜色叠加效果

图 15-39　添加素材图像

(9) 选择树叶所在图层，按 Ctrl+J 组合键复制一次图层，选择【编辑】|【变换】|【垂直翻转】命令，将树叶图像翻转，然后使用【移动工具】＋将其移动到画面下方，效果如图 15-40 所示。

(10) 打开【圣诞素材.psd】素材图像，使用【移动工具】＋将其拖曳到背景图像中，放到画面上方，效果如图 15-41 所示。

图 15-40　复制并翻转图像　　　　　　　　　　图 15-41　添加素材图像

15.2.2　绘制圆形图案

(1) 新建一个图层。然后选择【椭圆选框工具】 ⬭ ，按住 Shift 键在画面中绘制一个圆形选区，设置前景色为橘黄色(R248,G148,B11)，按 Alt+Delete 组合键填充选区，效果如图 15-42 所示。

(2) 保持选区状态，选择【选择】|【变换选区】命令，然后按住 Shift+Alt 组合键中心缩小选区，效果如图 15-43 所示。

(3) 设置前景色为淡黄色(R254,G200,B100)，按 Alt+Delete 组合键填充选区，效果如图 15-44 所示。

图 15-42　绘制橘黄色圆形　　　图 15-43　中心缩小选区　　　图 15-44　填充选区

(4) 保持选区状态，新建一个图层，继续使用【变换选区】命令中心缩小选区，并将其填充为浅一点的橘黄色(R246,G191,B3)，效果如图 15-45 所示。

(5) 选择【图层】|【图层样式】|【投影】命令，打开【图层样式】对话框，设置圆形投影为橘红色，【不透明度】为75%、【距离】为 2 像素、【扩展】为0、【大小】为 1 像素，如图 15-46 所示。

(6) 单击【确定】按钮，得到添加投影后的图像效果，如图 15-47 所示。

图 15-45　填充颜色　　　　　　图 15-46　设置参数　　　　　　图 15-47　投影效果

(7) 设置前景色为深红色(R181,G27,B15),选择【椭圆工具】 ◯ ,在属性栏中选择模式为【形状】,按住 Shift 键在画面中绘制一个正圆,如图 15-48 所示。

(8) 选择【图层】|【图层样式】|【内投影】命令,打开【图层样式】对话框,设置内投影为深红色,再设置其他参数,如图 15-49 所示。

(9) 单击【确定】按钮,得到内投影图像效果,如图 15-50 所示。

图 15-48　绘制正圆　　　　　图 15-49　设置参数　　　　　图 15-50　内阴影效果

提示

平面广告设计是以加强销售为目的所做的设计,也就是奠基在广告学与设计上面,来替产品、品牌和活动等做广告。平面广告包括杂志广告、报纸广告、海报、包装、宣传卡(DM 单)和书籍装帧等。

---

(10) 新建一个图层。然后设置前景色为白色,选择【画笔工具】 ✏️ ,单击 ⬜ 按钮,打开【画笔设置】面板,选择【尖角】样式,并设置【大小】为 20 像素、【间距】为 140%,如图 15-51 所示。

(11) 使用【椭圆工具】 ◯ 绘制一个圆形路径,然后选择【窗口】|【路径】命令,打开【路径】面板,单击其底部的【用画笔描边路径】按钮 ◯ ,填充得到一圈白色圆点,如图 15-52 所示,完成中间圆圈的制作。

图 15-51　设置参数　　　　　　　　　图 15-52　圆形图像

15.2.3　添加商品和文字

(1) 打开【圣诞文字.psd】素材图像,使用【移动工具】 ✛ 将其拖曳到当前编辑的图像中,放到圆圈中间,效果如图 15-53 所示。

(2) 选择【矩形选框工具】 ，在文字图像中绘制一个矩形选区，如图 15-54 所示。

(3) 选择【选择】|【变换选区】命令，适当缩小选区，然后按 Delete 键删除选区中的图像，效果如图 15-55 所示。

图 15-53　添加文字　　　　　图 15-54　绘制白色矩形　　　　图 15-55　删除选区中的图像

(4) 在白色图像上方绘制一个矩形选区，按 Delete 键删除选区中的图像，得到围绕文字的边框效果，如图 15-56 所示。

(5) 选择【图层】|【图层样式】|【渐变叠加】命令，打开【图层样式】对话框，设置渐变颜色为不同深浅的金黄色，再设置其他参数，如图 15-57 所示。

(6) 单击【确定】按钮，得到渐变叠加效果，如图 15-58 所示。

图 15-56　删除图像　　　　　　图 15-57　设置参数　　　　　图 15-58　渐变叠加效果

(7) 使用【横排文字工具】 T ，在圆形图像中输入中英文文字，分别将文字填充为白色和淡黄色，如图 15-59 所示，完成中间圆圈和文字图像的制作。

(8) 打开【玫瑰和金沙.psd】素材图像，使用【移动工具】 将它们拖曳到当前编辑的图像中，将玫瑰图像放到画面左侧，将金沙图像放到画面下方，如图 15-60 所示。

(9) 打开【礼品.psd】素材图像，使用【移动工具】 将其拖曳到当前编辑的图像中，放到画面右下方，如图 15-61 所示。

图 15-59　输入文字　　　　　图 15-60　添加玫瑰和金沙　　　　图 15-61　添加礼品

计算机基础与实训教材系列

(10) 选择【横排文字工具】 T.，在图像左下方输入文字，并在属性栏中设置字体为【微软雅黑】，再将文字填充为白色，效果如图 15-62 所示。

(11) 继续输入其他文字，参照如图 15-63 所示的方式排列，并使用【矩形选框工具】 在文字中间绘制一条细长的矩形选区，填充为淡黄色，完成本实例的制作。

图 15-62 输入文字

图 15-63 完成效果

15.3 房地产广告

1. 实例效果

本例将学习绘制房地产广告设计图的方法，打开【房地产广告.psd】文件，本例的最终效果如图 15-64 所示。

2. 操作思路

在绘制本例的过程中，首先通过为图像添加图层蒙版，并设置图层的混合模式和不透明度得到背景图像，然后添加文字和图像素材。绘制本广告的关键步骤如下。

(1) 新建一个图像文档，添加素材图像，并为其应用图层蒙版合成广告背景。

(2) 添加光环图像，设置图层属性得到叠加效果。

(3) 添加文字并进行排列。

3. 操作过程

根据对本实例广告设计图的绘制分析，可以将其分为两个主要部分进行绘制，操作过程依次为制作蓝背景图像效果和添加文字，具体操作如下。

图 15-64 房地产广告

15.3.1 制作炫光城市背景

(1) 选择【文件】|【新建】命令，在打开的【新建文档】对话框右侧输入文件名为【房地产广告】，然后设置【宽度】和【高度】为 27 厘米 × 40 厘米，其他参数设置如图 15-65 所示。

(2) 设置前景色为蓝色(R31,G34,B144)，按 Alt+Delete 组合键填充背景，效果如图 15-66 所示。

(3) 打开【城市.jpg】素材图像，使用【移动工具】 将其拖曳过来，放到画面下方，效果如图 15-67 所示。

图 15-65　新建图像文件

图 15-66　填充背景

图 15-67　添加素材图像

(4) 单击【图层】面板底部的【添加图层蒙版】按钮，使用【画笔工具】 对城市图像中的天空进行涂抹，隐藏部分图像，效果如图 15-68 所示。

(5) 打开【星空.jpg】素材图像，使用【移动工具】 将其拖曳过来，放到画面上方，效果如图 15-69 所示。

(6) 新建一个图层，设置前景色为黑色，选择【画笔工具】 ，在属性栏中选择画笔样式为柔角，再设置【不透明度】为 60%，在图像四周绘制黑色图像，形成暗角效果，如图 15-70 所示。

图 15-68　添加图层蒙版

图 15-69　添加素材图像

图 15-70　绘制暗角

(7) 打开【蓝色线条.jpg】素材图像，使用【移动工具】 将其拖曳过来，放到画面上方，效果如图 15-71 所示。

(8 在【图层】面板中设置图层的混合模式为【滤色】、【不透明度】为 70%，然后为其添加图层蒙版，并使用【画笔工具】 对图像做适当的涂抹，隐藏部分图像，效果如图 15-72 所示。

图 15-71　添加线条

图 15-72　图像效果

计算机基础与实训教材系列

(9) 打开【光环.psd】素材图像，将其拖曳过来，放到图像中，效果如图 15-73 所示，然后在【图层】面板中设置该光环的图层混合模式为【滤色】，得到的图像效果如图 15-74 所示。

(10) 打开【亮光.psd】素材图像，将其拖曳过来，放到光环图像中，效果如图 15-75 所示。

图 15-73　添加光环

图 15-74　图像效果

图 15-75　添加亮光

15.3.2　制作特效文字

(1) 打开【文字.psd】素材图像，使用【移动工具】将其拖曳到当前编辑的图像中，放到画面上方，如图 15-76 所示。

(2) 选择【图层】|【图层样式】|【斜面和浮雕】命令，打开【图层样式】对话框，选择样式为【内斜面】，再设置其他参数如图 15-77 所示。

图 15-76　添加文字

图 15-77　【图层样式】对话框

(3) 在【图层样式】对话框中选择【投影】样式，设置投影为深红色(R111,G0,B0)，其他参数设置如图 15-78 所示。单击【确定】按钮，得到添加图层样式后的效果，如图 15-79 所示。

(4) 打开【光点.psd】素材图像，使用【移动工具】将光点图像移动过来，放到文字的转折笔画处，如图 15-80 所示。

(5) 使用【横排文字工具】在特效文字上下两侧输入广告文字，填充为白色，并在属性栏中设置合适的字体，效果如图 15-81 所示。

图 15-78 设置投影样式

图 15-79 图像效果

图 15-80 添加光点

图 15-81 输入文字

(6) 使用【矩形选框工具】 在广告文字之间绘制一条细长的矩形选区，填充为白色，如图 15-82 所示，然后在画面底部输入电话和地址等信息，填充为白色，效果如图 15-83 所示。

(7) 打开【符号.psd】素材图像，使用【移动工具】 将其拖曳过来，放到画面最上方，如图 15-84 所示，完成本实例的制作。

图 15-82 绘制矩形

图 15-83 添加地址信息

图 15-84 完成效果

15.4 习题

一、填空题

1. 平面广告设计是以加强销售为目的所做的设计，即奠基在广告学与设计上面，来替产品、品牌、活动等做广告。平面广告包括_____、宣传卡和书籍装帧等。

2. 海报是一种非常经济的表现形式，即使用最少的信息就能获得良好的宣传效果。进行海报设计时，需要注意 3 个原则：_____、_____、_____。

二、操作题

1. 本实例将练习绘制商场开业广告，打开【商场开业广告.psd】图像文件，查看本例的效果，如图 15-85 所示。

【提示】

(1) 新建一个图像文件，并将【花朵.psd】素材图像拖动到新建的图像中。

(2) 绘制一个矩形选区，填充为白色，形成遮挡的效果。

(3) 绘制 4 个红色边框，在其中输入文字。

2. 打开【背景.jpg】【宝贝.jpg】和【花纹.psd】素材图像，参照如图 15-86 所示的效果进行照片设计。

【提示】

(1) 使用【多边形套索工具】选中宝贝头像，将其拖动到背景图像中，并适当调整图像的大小和方向。

(2) 添加图层蒙版，使用【画笔工具】对宝贝图像周围进行涂抹，隐藏边缘的背景图像。

(3) 新建一个图层，选择【矩形选框工具】在画面右侧绘制矩形选区，并填充为白色。

(4) 将花纹图像拖动到当前编辑的图像中，然后对其进行复制，并调整花纹图像的大小。

(5) 使用【横排文字工具】在画面右侧输入文字并设置文字属性。

图 15-85 商场开业广告

图 15-86 照片设计

本套教材涵盖了计算机各个应用领域，包括计算机硬件知识、操作系统、数据库、编程语言、文字录入和排版、办公软件、计算机网络、图形图像、三维动画、网页制作以及多媒体制作等。众多的图书品种可以满足各类院校相关课程设置的需要。已出版的图书书目如下表所示。

图 书 书 名	图 书 书 名
《中文版 Photoshop CC 2018 图像处理实用教程》	《中文版 Office 2016 实用教程》
《中文版 Animate CC 2018 动画制作实用教程》	《中文版 Word 2016 文档处理实用教程》
《中文版 Dreamweaver CC 2018 网页制作实用教程》	《中文版 Excel 2016 电子表格实用教程》
《中文版 Illustrator CC 2018 平面设计实用教程》	《中文版 PowerPoint 2016 幻灯片制作实用教程》
《中文版 InDesign CC 2018 实用教程》	《中文版 Access 2016 数据库应用实用教程》
《中文版 CorelDRAW X8 平面设计实用教程》	《中文版 Project 2016 项目管理实用教程》
《中文版 AutoCAD 2019 实用教程》	《中文版 AutoCAD 2018 实用教程》
《中文版 AutoCAD 2017 实用教程》	《中文版 AutoCAD 2016 实用教程》
《电脑入门实用教程(第三版)》	《电脑办公自动化实用教程(第三版)》
《计算机基础实用教程(第三版)》	《计算机组装与维护实用教程(第三版)》
《新编计算机基础教程(Windows 7+Office 2010 版)》	《中文版 After Effects CC 2017 影视特效实用教程》
《Excel 财务会计实战应用(第五版)》	《Excel 财务会计实战应用(第四版)》
《Photoshop CC 2018 基础教程》	《Access 2016 数据库应用基础教程》
《AutoCAD 2018 中文版基础教程》	《AutoCAD 2017 中文版基础教程》
《AutoCAD 2016 中文版基础教程》	《Excel 财务会计实战应用(第三版)》
《Photoshop CC 2015 基础教程》	《Office 2010 办公软件实用教程》
《Word+Excel+PowerPoint 2010 实用教程》	《AutoCAD 2015 中文版基础教程》
《Access 2013 数据库应用基础教程》	《Office 2013 办公软件实用教程》
《中文版 Photoshop CC 2015 图像处理实用教程》	《中文版 Office 2013 实用教程》
《中文版 Flash CC 2015 动画制作实用教程》	《中文版 Word 2013 文档处理实用教程》
《中文版 Dreamweaver CC 2015 网页制作实用教程》	《中文版 Excel 2013 电子表格实用教程》
《中文版 Illustrator CC 2015 平面设计实用教程》	《中文版 PowerPoint 2013 幻灯片制作实用教程》
《中文版 InDesign CC 2015 实用教程》	《中文版 Access 2013 数据库应用实用教程》
《中文版 CorelDRAW X7 平面设计实用教程》	《中文版 Project 2013 实用教程》

(续表)

图 书 书 名	图 书 书 名
《电脑入门实用教程(第二版)》	《电脑办公自动化实用教程(第二版)》
《计算机基础实用教程(第二版)》	《计算机组装与维护实用教程(第二版)》
《中文版 Photoshop CC 图像处理实用教程》	《中文版 Office 2010 实用教程》
《中文版 Flash CC 动画制作实用教程》	《中文版 Word 2010 文档处理实用教程》
《中文版 Dreamweaver CC 网页制作实用教程》	《中文版 Excel 2010 电子表格实用教程》
《中文版 Illustrator CC 平面设计实用教程》	《中文版 PowerPoint 2010 幻灯片制作实用教程》
《中文版 InDesign CC 实用教程》	《中文版 Access 2010 数据库应用实用教程》
《中文版 CorelDRAW X6 平面设计实用教程》	《中文版 Project 2010 实用教程》
《中文版 AutoCAD 2015 实用教程》	《中文版 AutoCAD 2014 实用教程》
《中文版 Premiere Pro CC 视频编辑实例教程》	《电脑入门实用教程(Windows 7+Office 2010)》
《Oracle Database 12c 实用教程》	《ASP.NET 4.5 动态网站开发实用教程》
《AutoCAD 2014 中文版基础教程》	《Windows 8 实用教程》
《Mastercam X6 实用教程》	《C#程序设计实用教程》
《中文版 Photoshop CS6 图像处理实用教程》	《中文版 Office 2007 实用教程》
《中文版 Flash CS6 动画制作实用教程》	《中文版 Word 2007 文档处理实用教程》
《中文版 Dreamweaver CS6 网页制作实用教程》	《中文版 Excel 2007 电子表格实用教程》
《中文版 Illustrator CS6 平面设计实用教程》	《中文版 PowerPoint 2007 幻灯片制作实用教程》
《中文版 InDesign CS6 实用教程》	《中文版 Access 2007 数据库应用实用教程》
《中文版 Premiere Pro CS6 多媒体制作实用教程》	《中文版 Project 2007 实用教程》
《网页设计与制作(Dreamweaver+Flash+Photoshop)》	《AutoCAD 机械制图实用教程(2018 版)》
《Access 2010 数据库应用基础教程》	《计算机基础实用教程(Windows 7+Office 2010 版)》
《ASP.NET 4.0 动态网站开发实用教程》	《中文版 3ds Max 2012 三维动画创作实用教程》
《AutoCAD 机械制图实用教程(2012 版)》	《Windows 7 实用教程》
《多媒体技术及应用》	《Visual C# 2010 程序设计实用教程》
《AutoCAD 机械制图实用教程(2011 版)》	《AutoCAD 机械制图实用教程(2010 版)》